工程训练国家级实验教学示范中心配套教材

# 机械制造技术训练
## （第二版）

主　编　于兆勤　郭钟宁　何汉武

U0350056

华中科技大学出版社

中国·武汉

# 内 容 简 介

本书是为了适应科学技术的不断发展及教学改革不断深入进行而编写的。全书共分 16 章，包括钢的热处理、铸造、压力加工、焊接、钳工、车工、铣工、刨工、磨工、数控车、数控铣、电火花加工、快速成形、激光加工等。

本书可作为高等学校机械类、非机械类专业的机械工程训练教材，也可供相关工程技术人员参考。

**图书在版编目(CIP)数据**

机械制造技术训练/于兆勤,郭钟宁,何汉武主编. —2 版. —武汉:华中科技大学出版社,2015.4
(2020.8 重印)
ISBN 978-7-5680-0791-7

Ⅰ.①机… Ⅱ.①于… ②郭… ③何… Ⅲ.①机械制造工艺-高等学校-教材 Ⅳ.①TH16

中国版本图书馆 CIP 数据核字(2015)第 073691 号

**机械制造技术训练(第二版)** 　　　　　于兆勤　郭钟宁　何汉武　主编

策划编辑：俞道凯
责任编辑：刘　勤
封面设计：潘　群
责任校对：马燕红
责任监印：张正林
出版发行：华中科技大学出版社(中国·武汉)
　　　　　武昌喻家山　　邮编：430074　　电话：(027)81321913
录　　排：武汉市洪山区佳年华文印部
印　　刷：武汉科源印刷设计有限公司
开　　本：787mm×1082mm　1/16
印　　张：18.25
字　　数：363 千字
版　　次：2010 年 8 月第 1 版　2020 年 8 月第 2 版第 11 次印刷
定　　价：36.00 元

# 前言

"机械制造工程训练"是工科类本科生进行综合性的工程实践和学习现代制造工艺必修的技术基础课程。其目标是学习工艺知识,增强工程实践能力,提高综合素质,培养创新精神和创新能力,其作用是其他课程无法替代的。

现代科技和工业的飞速发展,制造技术日新月异,新材料、新技术、新工艺不断涌现,促使"机械制造工程训练"课程的教学内容不断更新和丰富。同时市场经济条件下对人才需求也发生了很大的变化,这就要求学生在学到较宽的现代科学技术基础理论和必需的专业知识的同时,必须进行综合工程实践能力的训练。由于工程训练教学内容的不断扩大与教学学时的不足,有必要对工程训练的教学内容、教学方法进行改革,传统的工程训练已经开始向现代工程训练转变,传统的训练内容不断减少,先进制造技术的训练内容不断增多。为了适应课程改革的需要,在传统教材的基础上,认真总结各兄弟院校关于本课程教学内容与课程体系教学改革的经验,并结合自身的教学实践,特编写本书。

在编写本书的过程中,遵循"实用为主、够用为度"的指导原则,强调知识面的宽度,着重介绍实践操作指导与工艺设备的作用。为适应科学技术的快速发展,减少了传统工程训练的内容,加强了数控加工、特种加工和其他先进制造技术的相关内容。每章开始附有学习及实践引导,书后附有工程训练安全要点。

全书共分 16 章。主要内容包括:钢的热处理、铸造、锻压、焊接、钳工、车工、铣工、刨工、磨工、数控车、数控铣、电火花加工、快速成型、激光加工等。语言力求通俗易懂,内容力求精练并结合实际。

参加本书第一版编写的人员有于兆勤、何汉武、李伟华、余冠洲、肖曙红、张凤林、张洪、郑传治、杨灿明、郭钟宁、袁慧、唐勇军、谢小柱、黄惠平、梁焱、石俊杰。全书由于兆勤、郭钟宁、何汉武担任主编。

于兆勤、谢小柱负责第二版的改版工作。由于编者水平有限,书中难免有错误和不妥之处,恳请读者批评指正。

编 者
**2015 年 5 月**

# 目录

**第1章　金属材料及其热处理** ················································ (1)

　1.1　金属材料的分类 ······················································· (1)

　1.2　钢的热处理 ··························································· (5)

**第2章　铸造成形** ··························································· (10)

　2.1　铸造基础知识 ························································· (10)

　2.2　砂型铸造工艺 ························································· (12)

　2.3　铸件生产 ····························································· (18)

　2.4　特种铸造 ····························································· (21)

**第3章　锻压成形** ··························································· (24)

　3.1　自由锻 ······························································· (25)

　3.2　板料冲压成形 ························································· (30)

**第4章　焊接成形** ··························································· (35)

　4.1　焊条电弧焊 ··························································· (36)

　4.2　气焊与气割 ··························································· (42)

　4.3　其他焊接方法 ························································· (44)

　4.4　焊接缺陷 ····························································· (46)

**第5章　切削加工基础和零件加工质量检验技术** ······················· (48)

　5.1　切削加工基础 ························································· (48)

　5.2　常用量具及其使用方法 ··············································· (53)

**第6章　车削加工** ··························································· (60)

　6.1　车床 ································································· (60)

　6.2　车刀 ································································· (64)

　6.3　车外圆、端面和台阶 ················································· (65)

　6.4　车槽、切断、车成形面和滚花 ········································· (67)

　6.5　车锥面 ······························································· (70)

　6.6　孔加工 ······························································· (70)

　6.7　车螺纹 ······························································· (72)

6.8 典型零件车削工艺简介 ………………………………… (75)

**第7章 铣削加工** ………………………………………… (80)

7.1 概述 ………………………………………………… (80)

7.2 铣床 ………………………………………………… (81)

7.3 铣刀及其安装 …………………………………………… (82)

7.4 分度头 ……………………………………………… (84)

7.5 典型表面铣削 …………………………………………… (86)

**第8章 刨削加工** ………………………………………… (93)

8.1 概述 ………………………………………………… (93)

8.2 牛头刨床 …………………………………………… (94)

8.3 刨刀的安装与工件的装夹 ……………………………… (95)

8.4 典型表面的刨削 ………………………………………… (97)

**第9章 磨削加工** ………………………………………… (100)

9.1 砂轮 ………………………………………………… (100)

9.2 外圆磨床及其磨削工作 ………………………………… (104)

9.3 平面磨床及其磨削工作 ………………………………… (107)

**第10章 钳工和装配** …………………………………… (111)

10.1 划线 ……………………………………………… (112)

10.2 锯削 ……………………………………………… (117)

10.3 锉削 ……………………………………………… (118)

10.4 孔及螺纹加工 ………………………………………… (120)

10.5 典型零件的加工 ……………………………………… (127)

10.6 装配 ……………………………………………… (128)

**第11章 数控加工基础知识** …………………………… (132)

11.1 数控加工的基本原理 ………………………………… (132)

11.2 数控机床编程基础知识 ……………………………… (136)

**第12章 数控车削加工** ………………………………… (146)

12.1 数控车床 ………………………………………… (146)

12.2 常用加工指令 ………………………………………… (147)

12.3 数控车床操作 ………………………………………… (158)

12.4 加工操作 ………………………………………… (166)

**第13章 数控铣床操作与加工** ………………………… (170)

13.1 数控铣床概述 ………………………………………… (170)

13.2 数控系统 ………………………………………… (171)

13.3　数控铣床加工操作 ······················································ (175)

**第 14 章　电火花加工** ······················································ (186)

14.1　电火花成形加工 ························································ (186)

14.2　电火花线切割加工 ······················································ (191)

14.3　电火花数控线切割加工操作 ·············································· (193)

**第 15 章　快速成形技术** ···················································· (203)

15.1　概述 ·································································· (203)

15.2　快速成形类型 ·························································· (205)

15.3　快速成形技术的应用 ···················································· (208)

15.4　便携式三维打印机(3DP)操作 ············································ (211)

**第 16 章　激光加工** ························································ (217)

16.1　概述 ·································································· (217)

16.2　激光加工工艺 ·························································· (218)

16.3　激光加工设备 ·························································· (221)

16.4　激光加工的应用 ························································ (225)

16.5　加工训练实例一：YAG 激光打标加工 ······································ (229)

16.6　加工训练实例二：$CO_2$ 激光雕刻切割加工 ································ (237)

**附录　工程训练安全要点** ·················································· (247)

**参考文献** ································································ (249)

# 第*1*章 金属材料及其热处理

## 学习及实践引导

......①了解金属材料的分类及特点。

......②学会使用金像显微镜分析材料组织。

......③学习和了解常用热处理的工艺特点及应用。

......④了解布氏、洛氏、维氏硬度的测量原理,掌握测量方法。

## 1.1 金属材料的分类

在各种工程和机械零件上应用的材料称为工程材料。工程材料按照其化学组成可以分为金属材料、陶瓷材料、高分子材料、复合材料四大类。其中金属材料是目前应用最为广泛的材料,金属材料中钢铁材料所占的比例最大,为80%以上。以汽车为例,在汽车上两万多个零件中,金属材料所占的比例达86%,而钢铁就占了80%以上。因此,金属材料在现代化生产中占有重要的地位,有必要了解金属材料尤其是钢铁材料的分类以及相关的知识。

### 1.1.1 金属材料的分类

金属材料可以分为黑色金属和有色金属:黑色金属主要是指铁、铬、锰等金属,经常泛指钢铁及其合金;有色金属是指除了黑色金属之外的其他的金属及其合金。

**1. 碳钢**

碳钢的碳质量分数为 0.02%~2.11%,按照碳质量分数可以分为低碳钢

（$w_C < 0.25\%$）、中碳钢（$w_C = 0.3\% \sim 0.6\%$）、高碳钢（$w_C > 0.6\%$）；按照硫、磷的质量分数可以分为普通碳素钢（$w_S \leqslant 0.035\%$，$w_P \leqslant 0.035\%$）、优质碳素钢（$w_S \leqslant 0.030\%$，$w_P \leqslant 0.030\%$）、高级优质碳素钢 （$w_S \leqslant 0.020\%$，$w_P \leqslant 0.020\%$）。

碳钢按照用途分类还可以分为碳素结构钢和碳素工具钢。碳素结构钢用于制造工程构件，如桥梁、船舶、建筑构件等，以及一些要求不高的机械零件，如齿轮、轴、连杆、螺钉、螺母等。碳素工具钢用于制造各种刃具、量具、模具等，一般为高碳钢，在质量上都是优质钢或者高级优质钢。

（1）普通碳素结构钢　普通碳素结构钢的牌号用"Q＋数字"表示，其中 Q 代表屈服强度，后面的数字代表屈服强度的数值，如 Q235 表示屈服强度为 235 MPa。碳素结构钢一般不经热处理直接在供应状态下使用，常用的有 Q195、Q215、Q235 等，通常用来制造螺栓、螺母、法兰、键、轴等零件。

（2）优质碳素结构钢　优质碳素结构钢的牌号采用两位数表示钢中碳的平均质量分数的万分数，如 45 钢表示钢中碳的平均质量分数为 0.45%，08 钢表示钢中碳的平均质量分数为 0.08%。优质碳素结构钢主要用于制造机械零件，一般都要进行热处理以提高其力学性能。

（3）碳素工具钢　碳素工具钢的牌号用"T＋数字"表示，T 代表碳素工具钢，后面的数字表示钢中碳的平均质量分数的千分数。如 T8、T10、T12 分别代表碳的平均质量分数为 0.8%、1.0%、1.2% 的碳素工具钢，如果为高级优质碳素工具钢则数字后面加 A，如 T12A。碳素工具钢经过热处理（淬火＋低温回火）可以获得很高的硬度，因此用于制造尺寸较小的量具、刃具、模具等，比如 T12 可以用来制造硬度要求很高（60～62 HRC）的钻头、丝锥、锉刀、刮刀等。

## 2. 铸铁

铸铁按照显微组织中碳（石墨）的形态分为白口铸铁（碳与铁形成高硬度但很脆的 $Fe_3C$）、灰铸铁（碳以片状石墨形态出现）、球墨铸铁（碳以球状石墨出现）、蠕墨铸铁（碳以蠕虫状石墨出现）、可锻铸铁（碳以团絮状石墨出现）。其中，白口铸铁硬度高，但很脆，用于制造不受冲击的耐磨零件。

（1）灰铸铁　灰铸铁牌号的表示方法为"HT＋数字"，数字表示最低抗拉强度。常用的灰口铸铁牌号为 HT100、HT150、HT200 等。灰铸铁抗拉强度和塑性低，但铸造性能和减振性能好，主要铸造汽车发动机汽缸、车床床身等承受压力及振动的部件。

（2）球墨铸铁　球墨铸铁的牌号由"QT＋数字-数字"组成。两组数字分别表示最低抗拉强度数值和最小断后伸长率数值。主要牌号有 QT500-7、

QT800-2等。球墨铸铁具有很高的强度和韧度,因此可以用于制造一些轴类零件(如汽车曲轴、连杆、机床主轴等)来代替部分钢(如40钢、40Cr等)。

(3)可锻铸铁 可锻铸铁的牌号由"KTH+数字-数字"或"KTZ+数字-数字"组成。H表示黑心可锻铸铁,Z表示珠光体可锻铸铁,其后面的两组数字分别表示材料的最低抗拉强度数值和最小断后伸长率数值。其主要牌号有KTH350-10、KTZ550-04等。可锻铸铁不可以锻造,主要用于制造一些复杂的薄壁铸造零件,比如汽车前、后轮壳,减速器壳,万向节壳等。

(4)蠕墨铸铁 蠕墨铸铁主要用于制造一些热循环条件下的铸件,比如柴油机汽缸、汽缸盖、排气管等。

**3. 合金钢**

合金钢按照用途可以分为合金结构钢、合金工具钢、特殊性能钢三大类。

(1)合金结构钢 合金结构钢的牌号用"数字+合金元素符号+数字"表示,前面的数字表示钢中碳的平均质量分数的万分数,后面的数字表示合金元素的平均质量分数的百分数,合金元素的平均质量分数小于1.5%时,牌号中只标合金元素不标平均质量分数。如60Si2Mn中碳的平均质量分数为0.6%,Si的平均质量分数为2%,Mn的平均质量分数小于1.5%。合金结构钢主要用于制造重要的工程构件和机械零件。

(2)合金工具钢 合金工具钢的牌号与合金结构钢类似,也是用"数字+合金元素符号+数字"表示,只是前面的数字表示碳的平均质量分数的千分数,如果钢的碳的平均质量分数大于1%时,不标前面的数字,但其中的高速钢碳的平均质量分数小于1%也不标碳含量。如9SiCr,C的平均质量分数为0.9%,Si和Cr的平均质量分数小于1.5%。

(3)特殊性能钢 特殊性能钢的表示方法与合金工具钢完全相同,但钢中碳的平均质量分数分别小于0.03%以及0.08%时,牌号前加00及0,如奥氏体不锈钢06Cr18Ni11Ti,C的平均质量分数小于0.08%,Cr的平均质量分数为17%~19%,Ni的平均质量分数为9%~12%,Ti的平均质量分数为0.4%~0.7%。

## 1.1.2 钢铁材料的显微组织观察

**1. 铁碳合金的平衡组织**

铁碳合金的显微组织是研究和分析钢铁材料性能的基础,所谓平衡组织是指合金在极为缓慢的冷却条件下(如退火状态,即接近平衡状态)所得到的组织。不同碳质量分数的铁碳合金在平衡状态下的室温显微组织特征及其名称如表1-1所示。

表 1-1　不同碳质量分数的铁碳合金在室温下的显微组织

| 类　别 | | $w_C/(\%)$ | 显微组织 | 浸　蚀　剂 |
|---|---|---|---|---|
| 工业纯铁 | | <0.02 | 铁素体(F) | 4%硝酸酒精溶液 |
| 碳钢 | 亚共析钢 | 0.02～0.77 | 铁素体(F)+珠光体(P) | 4%硝酸酒精溶液 |
| | 共析钢 | 0.77 | 珠光体(P) | 4%硝酸酒精溶液 |
| | 过共析钢 | 0.77～2.11 | 珠光体(P)+二次渗碳体($Fe_3C_{II}$) | 苦味酸钠溶液 |
| 白口铸铁 | 亚共晶白口铸铁 | 2.11～4.3 | 珠光体(P) + 二次渗碳体($Fe_3C_{II}$)+莱氏体($L_{d'}$) | 4%硝酸酒精溶液 |
| | 共晶白口铸铁 | 4.3 | 莱氏体($L_{d'}$) | 4%硝酸酒精溶液 |
| | 过共晶白口铸铁 | 4.3～6.69 | 莱氏体($L_{d'}$) + 一次渗碳体($Fe_3C_I$) | 4%硝酸酒精溶液 |

## 2. 显微组织观察

使用光学金相显微镜可以观察到钢铁的组织,这是研究金属材料内部组织和缺陷的主要方法之一。

金相显微镜属于精密仪器,使用时要细心、谨慎。使用前应先了解显微镜的基本原理、构造及各主要部件的位置和作用,然后再按照使用规程和应注意事项进行操作。图 1-1 所示为一种常用的金相显微镜的光学系统和构造。

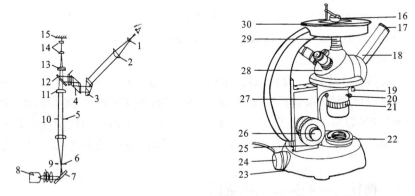

图 1-1　XJB-1 型金相显微镜的光学系统和构造

1—接目镜;2—物镜;3,4—棱镜;5,21—视场光阑;6,22—孔径光阑;7—反光镜;
8—灯泡;9—聚光镜组;10,11—聚光镜;12—半反射镜;13—辅助透镜;14—物镜组;
15—试样;16—样品;17—目镜;18—目镜筒;19—固定螺钉;20—调节螺钉;23—偏心圈;
24—光源;25—粗动调焦手轮;26—微动调焦手轮;27—传动箱;28—转换器;29—物镜;30—载物台

金相显微镜的操作方法如下:先将显微镜接通电源,根据放大倍数选用所需物镜和目镜,分别安装在物镜座及目镜筒上,将试样放在载物台中心,并将观察面朝向物镜,用双手旋转粗调旋钮,将载物台降下,使样品靠近物镜,但不接触。然后边观察目镜边用双手旋转粗调旋钮,使载物台慢慢上升,待看到组织时,再旋转微调旋钮,直至图像清晰为止。

# ⚙ 1.2　钢的热处理

把钢在固态下加热到一定温度,进行必要的保温,并以适当的速度将其冷却到室温,以改变钢的内部组织,从而得到所需性能的工艺方法称为热处理。热处理的目的是改变金属材料的组织和性能,绝大多数机械零件都要经过热处理,提高强度、硬度或者其他性能才能投入使用。热处理既可以作为预先热处理以消除上一道工序所遗留的某些缺陷,并为下一道工序准备好条件;也可作为最终热处理进一步改善材料的性能,从而充分发挥材料的潜力,达到零件的使用要求。

常用的热处理方法有两类:一类是常规热处理,主要包括退火、正火、淬火、回火等;另一类为表面热处理,主要包括表面淬火和表面化学热处理。表面淬火包括火焰加热表面淬火、感应加热表面淬火、激光加热表面淬火;表面化学热处理包括渗碳、渗氮、碳氮共渗、渗金属等。某些零件如齿轮、销轴等,使用时希望它的心部保持一定的韧性,又要求表面层具有耐磨性、耐蚀性、抗疲劳性,因此可以使用表面淬火或者表面化学热处理来实现表面的高硬度和高耐磨性,而且可以保证心部的强度和韧性。

## 1.2.1　钢的热处理工艺

常规热处理的工艺主要包括加热、保温、冷却三个过程,按照冷却速度的不同可以分为退火、正火、淬火以及与淬火配合的回火,如图1-2所示。

### 1. 退火

退火是指把工件加热到适当的温度(对碳钢一般加热至780~900 ℃),保温一定时间后随炉冷却的热处理方法。工具钢和某些重要结构零件的合金钢有时硬度较高,铸、锻、焊后的毛坯有时硬度不均匀,存在着内应力。为了便于

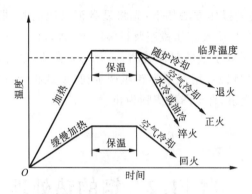

图1-2　常规的热处理工艺(退火、正火、淬火、回火)

切削加工,并保持加工后的精度,常对工件施以退火处理。退火后,工件的硬度较低,消除了内应力,同时还可以使材料的内部组织均匀细化,为进行下一步热处理(如淬火等)做好准备。

**2. 正火**

将工件放到炉中加热到适当温度,保温后出炉空冷的热处理方法称为正火。正火实质上是退火的另一种形式,其作用与退火相似。与退火不同之处是加热(对碳钢而言,一般加热至800~930 ℃)和保温后,放在空气中冷却而不是随炉冷却。由于冷却速度比退火快,因此,正火工件获得的组织比较细密,比退火工件的强度和硬度稍高,而塑性和韧度稍低。但这一点对于一般低碳钢而言差别并不明显,对中碳钢零件而言,有时由于正火后的硬度适中,更适合于切削加工。又由于正火冷却时不占炉子,可使生产效率提高,成本降低。所以一般低碳和中碳结构钢等,多用正火代替退火。

**3. 淬火**

淬火是指将工件加热到适当的温度(对碳钢一般加热到760~820 ℃),保温后在水中或油中快速冷却的热处理方法。工件经淬火后可获得高硬度的组织,因此淬火可提高钢的强度和硬度。但工件淬火后脆性增加、内部产生很大的内应力,使工件变形甚至开裂。所以,工件淬火后一般都要及时进行回火处理,并在回火后获得适度的强度和韧度。

**4. 回火**

将淬火后的工件重新加热到某一温度区间并保温后,在油中或空气中冷却的操作称为回火。回火的温度大大低于退火、正火和淬火时的加热温度,因此回火并不使工件材料的组织发生转变。回火的目的是减小或消除工件在淬火时所形成的内应力,适当降低淬火钢的硬度,减小脆性,使工件获得较高的强度和韧度,即较好的综合力学性能。

根据回火温度不同,回火操作可分为低温回火、中温回火和高温回火。

(1)低温回火 回火温度为 150~250 ℃。低温回火可以部分消除淬火造成的内应力,适当地降低钢的脆性,提高韧度,同时工件仍保持高硬度。低温回火一般多用于工具、量具。

(2)中温回火 回火温度为 300~450 ℃。淬火工件经中温回火后,可消除大部分内应力,硬度有较大的下降,但是具有一定的韧度和弹性。一般用于处理热锻模、弹簧等。

(3)高温回火 回火温度为 500~650 ℃。高温回火可以消除绝大部分因淬火产生的内应力,硬度也有显著的下降,塑性有较大的提高,使工件具有高强度和高韧度等综合力学性能。淬火后再加高温回火,通常称为调质处理。一般要求具有较高综合力学性能的重要结构零件,如汽车传动轴、坦克的扭力轴等,都要经过调质处理。用于调质处理的钢多为中碳优质结构钢和中碳低合金结构钢。也把用于调质处理的钢称为调质钢。

## 1.2.2 金属材料硬度的测定方法

硬度是指材料表面抵抗比它更硬的物体压入的能力。硬度的测试方法很多,生产中常用的硬度测试方法有布氏硬度、洛氏硬度、维氏硬度三种试验方法。

### 1. 布氏硬度

布氏硬度试验法按照国家标准《金属材料 布氏硬度试验 第 1 部分:试验方法》(GB/T 231.1—2009)的规定,是用一直径为 $D$ 的淬火钢球或硬质合金球作为压头,在载荷 $F$ 的作用下压入被测试金属表面,保持一定时间后卸载,测量金属表面形成的压痕直径 $d$,以压痕的单位面积所承受的平均压力作为被测金属的布氏硬度值(见图 1-3)。

布氏硬度用 HBW 表示,适用于测量硬度值在 650 以下的材料。标注硬度值时,代表其硬度值的数字置于 HBW 前面。旧国标规定:布氏硬度试验压头有两种,即硬质合金球和淬火钢球,压头为淬火钢球时,布氏硬度用符号 HBS 表示,压头为硬质合金球时,布氏硬度用 HBW 表示。因新旧标准的交替存在一定的过渡期,本书中涉及 HBS 硬度值时仍沿用原表示方法和数值。

### 2. 洛氏硬度

洛氏硬度试验法是用一锥顶角为 120° 的金刚石圆锥体或直径为 1.558 mm (1/16 in)的淬火钢球为压头,以一不定的载荷压入被测试金属材料表面,根据压痕深度可直接在洛氏硬度计的指示盘上读出硬度值,其测量原理如图 1-4 所示。常用的洛氏硬度指标有 HRA、HRB 和 HRC 三种,具体规范见表 1-2。洛氏硬度测试操作迅速、简便,且压痕小不损伤工件表面,适于成品检验。

图 1-5 所示为硬度计指示器。

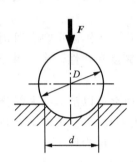

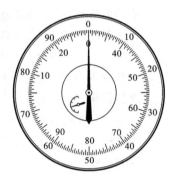

图 1-3　布氏硬度测量原理　　图 1-4　洛氏硬度测量原理　　图 1-5　硬度计指示器

表 1-2　洛氏硬度试验规范

| 标尺符号 | 所用压头 | 总载荷/N | 测量范围 HR | 应用举例 |
|---|---|---|---|---|
| HRA | 120°金刚石圆锥 | 588.4 | 60~88 | 碳化物、硬质合金、淬火工具钢、浅层表面硬化钢等 |
| HRB | $\phi$1.588 mm 钢球 | 980.7 | 25~100 | 软钢、铜合金、铝合金、可锻铸铁 |
| HRC | 120°金刚石圆锥 | 1471.1 | 20~70 | 淬火钢、调质钢、深层表面硬化钢 |

注:HRA、HRC 所用刻度为 100,HRB 为 130。

以下以 HR150A 型洛氏硬度计为例介绍洛氏硬度操作方法。

据试样材料及预计硬度范围,选择压头类型和初、主载荷;根据试样形状和大小,选择适宜工作台,将试样平稳地放在工作台上;顺时针方向转动工作台升降手轮,将试样与压头缓慢接触使指示器指针或指示线至规定标志即加上初载荷;调整指示器后,将操纵手柄向前扳动,加主载荷,应在 4~8 s 内完成。待大指针停止转动后,再将卸载手柄扳回,卸除主载荷;卸除载荷(应在 2 s 内完成)后,按指示器大指针所指刻度线读出硬度值。以金刚石圆锥体作压头(HRA 和 HRC)的按刻度盘的下圈标记为“C”的黑色格子读数,若是以淬火钢球作为压头的则按内圈标记为“B”的红色格子读数;逆时针方向旋转手轮,降下工作台,取下试样。

## 1.2.3　热处理常用设备及其使用方法

常规热处理加热和保温过程中使用的设备为热处理炉,热处理炉按照加热的方法可分为电阻炉、燃气炉、燃油炉等；按照加热时炉内气氛可以分为空气气氛热处理炉、可控气氛热处理炉，如真空热处理、气体渗碳炉等就属于可控气氛热处理炉；按照加热温度可以分为高温、中温、低温热处理炉；按照生产方式可以分为箱式热处理炉、网带式连续热处理炉、台车式炉等。中温箱式电阻炉是小型零件热处理生产和实验最常用的设备，其结构如图 1-6 所示，其最高加热温度为 950 ℃。

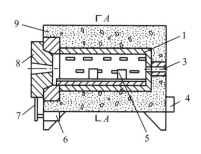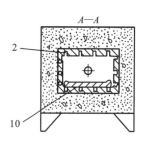

**图 1-6　中温箱式电阻炉结构**

1—加热室；2—电阻丝孔；3—测温孔；4—接线盒；5—工件；
6—控制开关；7—挡铁；8—炉门；9—隔热层；10—炉底板

中温箱式电阻炉热处理加热温度能够实现自动测量及控制，工作时利用热电偶将炉内的温度信号转换成电势信号，电势信号通过测量机构、温度指示机构转换成仪表指针的指示值。同时，温度调节器把测得的实际炉温与给定机构给定的温度进行比较得到偏差值，调节机构根据偏差值发出相应的信号，驱动执行机构改变输出给电炉的电流，以消除偏差值，从而将炉温控制在某一给定值附近。

## 复习思考题

1-1　简述碳钢的分类和牌号。

1-2　可锻铸铁是否可以锻造加工？

1-3　钢的普通热处理方法有哪几种？

1-4　轴类、弹簧类及刀具类零件分别采用什么热处理工艺？

1-5　金属材料的硬度的含义是什么？

1-6　布氏、洛氏及维氏硬度的测量原理有什么不同？

# 第2章 铸造成形

**学习及实践引导**

……①了解铸造的基本工艺、特点及应用。

……②了解型砂材料的特性及组成。

……③熟悉并实践简单砂型铸造的操作工艺,掌握基本的造型方法。

……④了解其他各种类型铸造工艺的特点及应用。

铸造是指将液态金属注入具有和零件形状相适应的铸型型腔中,待其冷却凝固后获得毛坯或零件的成形方法。用铸造方法得到一定形状与性能的金属件称为铸件。

铸造生产的优点是适应性强(可制造各种合金类别、形状和尺寸的铸件),成本低廉。其缺点是生产工序多,铸件质量难以控制,铸件的力学性能较差,工人劳动强度大。铸造主要用于受冲击力小、形状复杂的毛坯制造,如机床床身、发动机汽缸体、各种支架、箱体等零件的生产。

## 2.1 铸造基础知识

铸造常用的金属有:铸铁、铸钢、铸造有色合金。其中,铸铁(特别是灰铸铁)用得最普遍。

铸造生产方法有砂型铸造和特种铸造两大类。砂型铸造是用型砂紧实成铸型的铸造方法,广泛用于铸铁和铸钢件的生产。其铸型是一次性的,工艺过程是:制造模样、芯盒;配置型砂、芯砂;造型和造芯;烘干、合箱;熔炼金属、浇注;落砂、清理与检验等(见图2-1)。其中,主要工序是造型、造芯与金属熔炼。

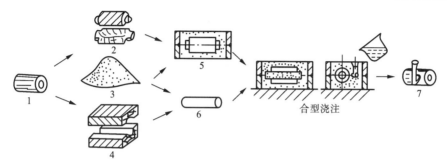

**图2-1 砂型铸造过程示意图**

1—零件;2—模样;3—型(芯砂);4—芯盒;5—铸型;6—型芯;7—落砂后铸件

将铸型的各组元组合成一个完整铸型的过程称为合型(合箱)。图2-2所示为两箱造型合型后的铸型结构。一个完整的铸型主要由砂箱、型砂、型腔、浇注系统、冒口、定位销和浇口杯组成。各部分名称如下:

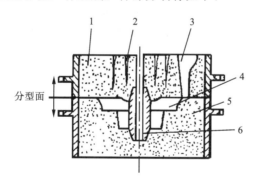

**图2-2 压盖铸件的铸型装配图**

1—上砂型;2—出气孔;3—浇注系统;4—型腔;5—下砂型;6—型芯

上砂型——浇注时铸型的上部组元;

下砂型——浇注时铸型的下部组元;

型腔——铸型中型砂所包围的空腔部分;

分型面——铸型的上型与下型间的结合面;

型芯——为获得铸件内孔或局部外形,用芯砂或其他材料制成的安放在型腔内部的铸型组元;

浇注系统——造型时必须开出引导液态金属进入型腔的通道,这些通道称为浇注系统。典型的浇注系统由外浇口、直浇道、横浇道和内浇道组成,如图2-3所示。图中的冒口是为了保证铸件质量而增设的,其作用是排气、浮渣和补缩。

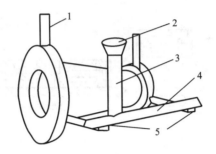

**图 2-3　浇注系统及冒口**
1—冒口;2—浇口杯;3—直浇道;4—横浇道;5—内浇道

外浇口的形状一般为池形,其作用是减轻金属液流的冲击,使金属平稳地流入直浇道。直浇道是圆锥形的垂直通道,其作用是使液体金属产生一定的静压力,并引导金属液迅速充填型腔。横浇道是截面为梯形的水平通道,位于内浇口的上面,其作用是挡渣及分配金属液进入内浇道。简单的小铸件,横浇道有时可省去。内浇口是和型腔相连接的金属液通道,其作用是控制金属液流入型腔的方向和速度。

# 2.2　砂型铸造工艺

## 2.2.1　造型材料

### 1. 型砂

在铸造生产中,砂型铸造的应用最为普遍,常用的造型材料主要是用于制造砂型的型砂和用于制造砂芯的芯砂。通常型砂是由原砂(山砂或河砂)、黏土(常用膨润土)和水按一定比例混合而成的。

型砂的质量直接影响铸件的质量,型砂质量差会使铸件产生气孔、砂眼、黏砂、夹砂等缺陷。良好的型砂应具备下列性能。

(1)透气性　型砂空隙能让气体透过的性能称为透气性。高温金属液浇入铸型后,铸型内充满大量气体,这些气体必须从铸型内顺利排出去;否则将使铸件产生气孔、浇不足等缺陷。

（2）强度 型砂抵抗外力破坏的能力称为强度。型砂必须具备足够高的强度才能在造型、搬运、合箱过程中不引起破损、塌陷,浇注时也不会破坏铸型表面和防止铸型胀大。但型砂的强度也不宜过高;否则会因铸型过硬而导致铸型的透气性、退让性下降,使铸件产生缺陷。

（3）耐火性 耐火性是指型砂抵抗高温热作用的能力。耐火度主要取决于砂中 $SiO_2$ 的质量分数,型砂中 $SiO_2$ 的质量分数越大,型砂颗粒越大,耐火性就越好。耐火性差的铸件易产生黏砂。

（4）可塑性 可塑性是指型砂在外力作用下变形,去除外力后能完整地保持已有变形的能力。可塑性好,型砂柔软容易变形,使造型操作方便,制成的砂型形状准确、轮廓清晰。手工起模时在模样周围砂型上刷水的作用就是增加局部型砂的水分,以提高可塑性。

（5）退让性 退让性是指铸件在凝固和冷却过程中产生收缩时,型砂可被压缩、退让的能力。退让性不足,铸件易产生内应力、变形或裂纹等缺陷。型砂越紧实,退让性越差。在型砂中加入木屑、焦炭粒等物可以提高退让性。

（6）溃散性 溃散性是指浇注后型砂容易溃散的性能。溃散性好,型砂容易从铸件上清除,可以节省落砂和清砂的劳动量。溃散性与型砂配比及黏结剂种类有关。

**2. 模样**

模样是用来形成铸型型腔的必要工艺装备。对具有内腔的铸件,铸造时内腔由砂芯形成,因此还有用来制备砂芯的芯盒。制造模样和芯盒常用的材料有木材、金属和塑料。在单件小批生产时广泛采用木质模样和芯盒,在大批大量生产时多采用金属或塑料模样、芯盒。金属模样与芯盒的使用寿命长达 10 万～30 万次,塑料的使用寿命最多几万次,而木质的仅 1000 次左右。

由于模样形成铸件的型腔,故模样的结构一定要考虑铸造的特点。为便于取模,在垂直于分型面的模样壁上要做出斜度(称为起模斜度);壁与壁的连接处应采用圆角过渡;考虑金属冷却后会收缩,其尺寸会变小,故模样的尺寸比零件的尺寸要大一些(称为收缩余量);在零件的加工面上要留出机械加工时切削的多余金属层(称为加工余量);有内腔铸件的模样上,要做出支承型芯的芯头。

## 2.2.2 手工造型

全部用手工或手动工具完成的造型工序称为手工造型。手工造型操作灵活、工艺装备简单,但生产效率低,劳动强度大,仅适合于单件小批生产。手工造型的方法很多,按砂箱特征分有:两箱造型、三箱造型、脱箱造型、地坑造型等。按模样特征分有:整模造型、分模造型、挖砂造型、活块造型、假箱造型和刮板造型等。可根据铸件的形状、大小和生产批量选择。常用手工造型工具如图2-4所示。

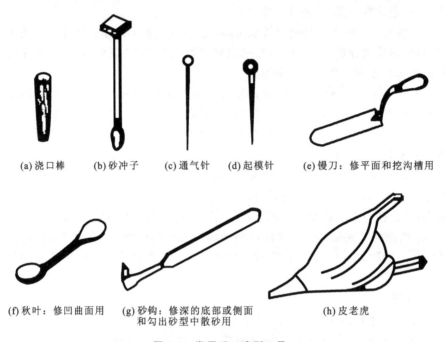

(a) 浇口棒　　(b) 砂冲子　　(c) 通气针　　(d) 起模针　　(e) 镘刀:修平面和挖沟槽用

(f) 秋叶:修凹曲面用　　(g) 砂钩:修深的底部或侧面　　(h) 皮老虎
和勾出砂型中散砂用

图 2-4　常用手工造型工具

常用的手工造型方法如下。

**1. 整模两箱造型**

当零件的最大截面在端部时,可选它作分型面,将模样做成整体,采用整模两箱造型。如图2-5所示,整模造型的特点是模样为一整体,分型面为一平面,型腔全在一个砂箱里,能避免错箱等缺陷,铸件形状、尺寸精度较高,模样制造和造型都较简单,多用于最大截面在端部且为一平面、形状简单的铸件生产,其应用较广。

**2. 分模造型**

当铸件的最大截面不在一端时,通常以最大截面为分型面,把模样分成两半,采用分模两箱造型。型腔位于上、下型中,这种造型方法简单,应用较广。它主要用于最大截面在中部的铸件,常用于回转体类等铸件,分开模两箱造型

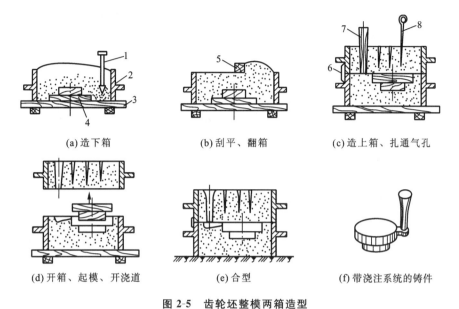

(a) 造下箱       (b) 刮平、翻箱       (c) 造上箱、扎通气孔

(d) 开箱、起模、开浇道       (e) 合型       (f) 带浇注系统的铸件

**图 2-5 齿轮坯整模两箱造型**

1—砂冲子；2—砂箱；3—底板；4—模样；5—刮板；6—泥号；7—浇口棒；8—通气针

是应用最广泛的造型方法。套筒的分模两箱造型过程如图 2-6 所示。

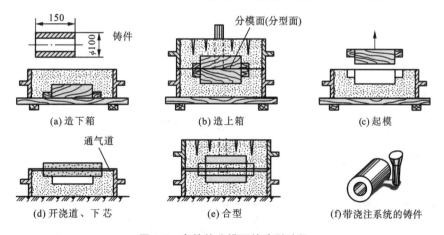

(a) 造下箱       (b) 造上箱       (c) 起模

(d) 开浇道、下芯       (e) 合型       (f) 带浇注系统的铸件

**图 2-6 套筒的分模两箱造型过程**

### 3. 挖砂造型

当铸件的最大截面不在端部，且模样又不便分成两半，或者分型面为一曲面时，常采用挖砂造型。图 2-7 所示为手轮的挖砂造型过程。

造型时，要将下砂型中阻碍起模的型砂挖掉才能取出模样，由于要准确挖出分型面,操作较麻烦,要求工人的操作技术水平较高,生产率低,故这种方法只适用于中小型、分型面不平的铸件单件小批生产。

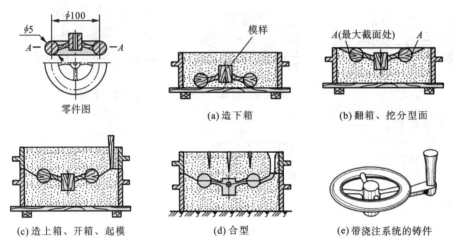

图 2-7　手轮的挖砂造型过程

### 4. 活块造型

当铸件侧面有局部凸起阻碍起模时,可将此凸起部分做成能与模样本体分开的活动块。起模时,先把模样主体起出,然后再小心将活块取出。图 2-8 所示为活块造型过程。

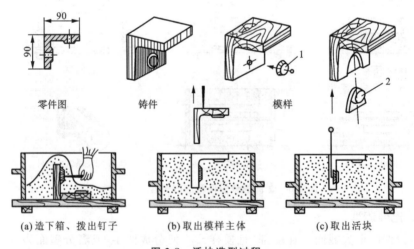

图 2-8　活块造型过程

1—用钉子连接的活块;2—用燕尾连接的活块

活块造型时必须将活块下面的型砂捣紧,以免起模时该部分型砂塌落,同时要避免撞紧活块,造成起模困难。活块造型较复杂,主要用于单件小批生产带有突出部分难以起模的铸件。

**5.三箱造型**

用三个砂箱制造铸型的过程称为三箱造型。前述各种造型方法都是使用两个砂箱,操作简便、应用广泛。但有些铸件如两端截面尺寸大于中间截面时,需要用三个砂箱,从两个方向分别起模。图2-9所示为槽轮铸件的三箱造型。

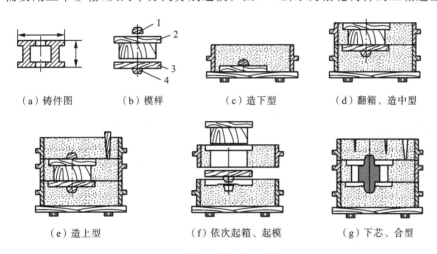

（a）铸件图 （b）模样 （c）造下型 （d）翻箱、造中型

（e）造上型 （f）依次起箱、起模 （g）下芯、合型

**图2-9 槽轮铸件的三箱造型**
1—上芯头;2—中箱模样;3—下箱模样;4—下芯头

三箱造型的特点是:模样必须是分开的,以便于从中型内起出模样;中型上、下两面都是分型面,且中箱高度应与中型的模样高度相近,造型过程操作较复杂,生产率较低,易产生错箱缺陷,只适于单件小批生产。

## 2.2.3 机器造型

机器造型是用机器全部完成或至少完成紧砂操作的造型工序,其实质就是用机器代替了手工紧砂和起模。其特点是生产效率高,铸件质量好,对工人的操作技术要求不高,改善了劳动条件,是现代化铸造生产的基本造型方法,在大批量生产中已代替大部分手工造型。

机器造型所用的机器称为造型机,多以压缩空气为动力,按其紧实型砂的方式,机器造型有震实造型、压实造型、震压造型、抛砂造型、射砂造型等,以震压造型最常用。图2-10所示为常用震压式造型机的工作原理。

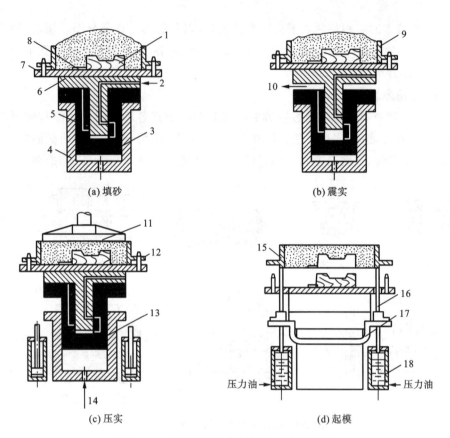

图 2-10　常用震压式造型机的工作原理图

1—模样；2—震实进气口；3—震实汽缸；4—压实汽缸；5—震实活塞；6—工作台；7—底板；8—内浇道；

9—砂箱；10—震实排气口；11—压头；12—定位销；13—压实活塞；14—进汽口；15—下箱；

16—起模顶杆；17—同步连杆；18—起模油缸

# 2.3　铸件生产

　　合金熔炼的目的是要获得符合要求的金属液。不同类型的金属，需要采用不同的熔炼方法及设备。如钢的熔炼是用转炉、平炉、电弧炉、感应电炉等；铸铁的熔炼多采用冲天炉；而有色金属如铝、铜合金等的熔炼，则用坩埚炉。

## 2.3.1　铝合金的熔炼

铸铝是工业生产中应用最广泛的铸造有色合金之一。由于铝合金的熔点低,熔炼时极易被氧化、吸气,合金中的低沸点元素(如镁、锌等)极易蒸发烧损,故铝合金的熔炼应在与燃料和燃气隔离的状态下进行。

铝合金的熔炼一般是在坩埚炉内进行,根据所用热源不同,有焦炭加热坩埚炉、电加热坩埚炉等不同形式。

通常用的坩埚有石墨坩埚和铁质坩埚两种。石墨坩埚是用耐火材料和石墨混合并成形烧制而成。铁质坩埚是由铸铁或铸钢铸造而成,可用于铝合金等低熔点合金的熔炼。

**1. 红外熔炼炉**

红外熔炼炉是一种电加热坩埚炉。其特点是控温较准确,金属烧损少,合金吸气少。可倾式出炉方便,可进行精炼及变质处理,但生产率不高,耗电多。

**2. 感应炉**

感应炉是利用一定频率的交流电通过感应线圈,使炉内的金属炉料产生感应电动势并形成涡流,产生热量而使金属炉料熔化。根据所用电源频率不同,感应炉分为高频感应炉(10000 Hz以上)、中频感应炉(1000～2500 Hz)和工频感应炉(50 Hz)几种。它由坩埚和围绕其外的感应线圈组成。通过感应电源的控制,不但用于铝、锌、铜等合金的熔炼,而且常用于钢的熔炼。

感应炉熔炼的优点是操作简单,热效率高,升温快,生产率高。

## 2.3.2　浇注、落砂及清理

**1. 浇注**

把液态合金浇入铸型的过程称为浇注,浇注是铸造生产中的一个重要环节。浇注工艺是否合理,不仅影响铸件质量,还涉及生产工人的安全。

1)浇注工具

常用的浇注工具有浇包、挡渣钩等。浇注前应根据铸件大小、批量选择合适的浇包,并对浇包和挡渣钩等工具进行烘干,以免降低金属液温度及引起液体金属的飞溅。

2)浇注工艺

(1)浇注温度　浇注温度过高,会导致液态合金在铸型中收缩量增大,易产生缩孔、裂纹及黏砂等缺陷;若温度过低则液态合金流动性差,又容易出现浇不足、冷隔和气孔等缺陷。所以,合适的浇注温度对液态合金的充型来说很重要。

浇注温度应根据合金的种类和铸件的大小、形状及壁厚来确定。对形状复杂的薄壁灰铸铁件,浇注温度为 1400 ℃左右;对形状较简单的厚壁灰铸铁件,浇注温度为 1300 ℃左右即可;而铝合金的浇注温度一般在 700 ℃左右。

（2）浇注速度　浇注速度的快慢对液态合金的充型来说也很关键。若浇注速度太慢,则导致液态合金在铸型中冷却过快,易使铸件产生浇不足、冷隔或夹渣等缺陷;而浇注速度太快,则会使铸型中的气体来不及排出而使铸件产生气孔,同时也易出现铸型冲砂、抬箱和跑火等问题。液态铝合金在浇注时应注意不能断流,以防止铝液被氧化。

（3）浇注的操作　浇注前应估算好每个铸型需要的金属液量,安排好浇注路线,浇注时应注意挡渣。浇注过程中应保持外浇口始终充满,这样可防止熔渣和气体进入铸型。浇注结束后,应将浇包中剩余的金属液倾倒到指定的地点。

**2．落砂**

铸件在完全凝固,并经充分冷却后,用手工或机械使铸件与型砂、砂箱分开的操作(即从铸型中取出铸件的工艺过程),称为落砂,又称出砂。

铸件在铸型中停留时间的长短,主要取决于铸件的合金种类以及铸件的尺寸大小、壁厚和复杂程度等。若落砂过早,是铸件温度高,冷却太快,会使铸件表层硬化,导致铸件变形,甚至开裂;反之,生产周期延长,使生产率降低。一般铸铁件的落砂温度在 400 ℃以下。

落砂的方法有手工落砂和机械落砂两种。在机械化程度不高,生产量较少的铸造厂(车间)里,多采用手工落砂。大量生产铸件可采用机械落砂,将砂箱置于专用的落砂设备上,使其受机械振动,铸件与型砂、砂箱分离出来。

**3．铸件的清理**

落砂后从铸件上清除表面黏砂、多余金属(包括浇冒口、飞边、毛刺和氧化皮)等过程的总称,称为铸件的清理。

铸件清理的方法有手工清理和机械清理两种。手工清理用风铲和铁刷进行清理;机械清理方法有摩擦清理法、喷丸清理法和抛丸清理法等。铸件经清理后,还必须去掉铸件在分型面或型芯头处产生的飞边、毛刺和残留的浇、冒口痕迹,此时,可用砂轮基、手凿和风铲等工具修整。

# 2.4 特种铸造

通常将砂型铸造以外的铸造方法统称为特种铸造。特种铸造方法很多,包括熔模铸造、压力铸造、金属型铸造、离心铸造、陶瓷型铸造等。它们各有其特点与相应的应用范围,若选用得当,可得到较好的经济效益。

## 2.4.1 压力铸造

压力铸造是在高压作用下将金属液迅速地压入金属铸型,并使之在压力下快速冷凝而形成铸件的方法,简称压铸。常用压力为 5~150 MPa,金属流速很高,达 5~100 m/s。用于压力铸造的机器称为压铸机。压铸机可分为热室压铸机和冷室压铸机两大类,冷室压铸机又可分为立式和卧式等类型,但它们的工作原理基本相似。目前应用较多的是卧式冷室压铸机,其生产工艺过程如图2-11所示。

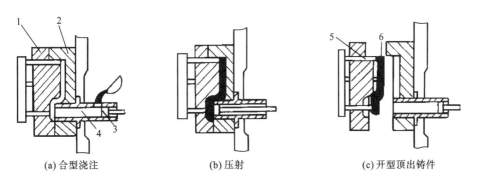

| (a) 合型浇注 | (b) 压射 | (c) 开型顶出铸件 |

**图 2-11 卧式冷室压铸机工艺过程示意图**
1—动型;2—定型;3—活塞;4—压缸;5—顶杆;6—铸件

压铸的基本工作原理是:合型后,液态金属浇入压缸(见图 2-11(a)),压射活塞向前推进,将液态金属经浇道压入型腔,并进行保压与快速冷凝(见图 2-11 (b)),开型时,借助压射活塞向前伸的动作(因此时尚未卸压)使铸件及浇道余料与铸型的定模分离,从而留在动模一侧,然后通过顶杆将铸件及浇道余料顶出(见图 2-11(c)),完成一次压铸过程。

压铸的基本特点是生产率高,平均每小时可压铸 50~500 次,可进行半自动化或自动化的连续生产;产品质量好,尺寸精度高于金属型铸造,强度比砂型铸造高 20%～40%。但压铸设备投资大,制造压铸模费用高、周期长,只适宜于大批大量生产。生产中多用于压铸铝、镁及锌合金。

压力铸造发展的主要趋向是:压铸机的系列化与自动化,并向大型化发展;提高模具寿命,降低成本;采用新工艺(如真空压铸、加氧压铸等)来提高铸件质量。

## 2.4.2　金属型铸造

金属型铸造是指铸型用金属制造,在重力作用下将金属液浇入金属型获得铸件的方法。这种铸型一般用铸铁和碳钢制造,铸型可反复使用,即“一型多铸”,故又称为永久型铸造。图 2-12 所示为轮型件金属铸型。

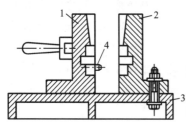

**图 2-12　轮型件金属铸型**
1—动型;2—定型;3—底座;4—定位销

金属型铸造的优缺点如下。

### 1. 优点

(1) 一个金属型可连续使用多次,因而节省大量造型材料,改善劳动条件。

(2) 金属型使铸件冷却速度加快,使铸件晶粒细,组织致密,提高了铸件的力学性能。

(3) 铸件表面粗糙度 $Ra$ 可达 $25 \sim 12.5$ $\mu m$,尺寸准确,可以减少加工余量,节约金属和加工费用。

(4) 从铸型中取出铸件即可合型继续浇铸,提高了生产率。

### 2. 缺点

(1) 金属型制造成本高,加工周期长。

(2) 金属型没有退让性,铸件已产生裂纹。

金属型铸造适用于成批、大量生产有色金属铸件,如铝活塞、汽缸体、缸盖、油泵克等中、小型铸件。黑色金属铸件的生产也在不断增加。

## 复习思考题

2-1　铸造生产有哪些优缺点?试述砂型铸造的工艺过程。

2-2　零件图的形状和尺寸与铸件模样的形状和尺寸是否完全一样?为什么?

2-3　型砂主要由哪些材料组成?它应具备哪些性能?

2-4　造型的基本方法有哪几种？各种造型方法的特点及其应用范围如何？

2-5　浇注系统由哪些部分组成？开设内浇道时要注意哪些问题？

2-6　铝合金铸造有何特点？熔炼铝合金时应注意什么问题？

2-7　何谓压力铸造？压铸型的结构由哪几部分组成？

2-8　通过本章的学习,你对铸造成形的特点、铸造生产的优缺点及其应用有何认识？

# 第3章 锻压成形

## 学习及实践引导

1 了解空气锤、冲床、油压机的工作原理。

2 了解锻造、板料冲压常用的工艺方法。

3 初步掌握空气锤的操作方法。

4 掌握冲床的操作方法。

锻造成形与冲压成形简称锻压,属于金属压力加工生产方法的一部分。锻压成形是指对金属施加外力,使金属产生塑性变形,改变坯料的形状和尺寸,并改善其内部组织和力学性能,获得一定形状、尺寸和性能的毛坯或零件的成形加工方法。

金属坯料要具有足够的可锻性,才能进行锻压加工。可锻性用塑性和变形抗力两个指标来衡量。塑性越好,变形抗力越差,其可锻性就越好。锻件通常采用可锻性较好的中碳钢和低合金钢;冲压件一般采用塑性良好的低碳钢、铜板和铝板等,铸铁等脆性材料不能进行锻压加工。

锻造能消除金属铸锭中的一些铸造缺陷,使其内部晶粒细化,组织致密,力学性能显著提高。所以重要的机器零件和工具部件,如车床主轴、高速齿轮、曲轴、连杆、锻模及刀杆等大都采用锻造制坯。

锻造的工艺方法主要有自由锻、模锻和胎模锻。生产时,按锻件质量的大小、生产批量的大小选择不同的锻造方法。

# 3.1　自　由　锻

自由锻适合单件小批生产。按使用的设备不同,可分为锤上自由锻和水压机上自由锻,前者适合中小型锻件的生产,后者适合大中型锻件的生产。

锻造时,金属坯料受上、下砧铁的压缩而变形,向四周自由地流动,故称为自由锻。

**1. 坯料的加热**

金属材料在一定温度范围内,随温度的上升其塑性会提高,变形抗力会下降,用较小的变形力就能使坯料稳定地改变形状而不出现破裂。

1) 始锻温度与终锻温度

允许加热达到的最高温度称为始锻温度,停止锻造的温度称为终锻温度。根据其化学成分的不同,每种金属材料的始锻和终锻温度都是不一样的。

2) 加热缺陷

(1) 过热　加热温度超过该材料的始锻温度,或在高温下保温过久,金属材料内部的晶粒会长得粗大,这种现象称为过热。

(2) 过烧　加热温度远远高于始锻温度,接近该材料的固相线,或停留时间过久,会使晶界处的低熔点杂质熔化,晶界氧化,晶粒之间失去连接,这种现象称为过烧。

(3) 氧化和脱碳　加热时钢料与高温的氧、二氧化碳和水蒸气接触,使坯料表面产生氧化皮和脱碳层。

(4) 加热裂纹　一些大尺寸的合金钢锭料,如果加热速度过快,会使表层与心部之间的温差过大,产生温度应力,导致出现裂纹。

3) 加热炉

电阻炉是利用电流通过电阻元件产生电阻热,以辐射和对流的方式将热量传递给坯料,使其加热到所需要的温度。电阻炉结构简单,操作方便,劳动条件好,加热温度容易精确控制,并可通入保护性气体,以防止或减少坯料的氧化。但电能消耗大,成本高,加热时间较长。电阻炉适合加热中、小型单件或小批量的加热质量要求较高的坯料。

**2. 空气锤**

自由锻设备有空气锤、蒸汽-空气锤和水压机等,分别适合小、中和大型锻件的生产。

1) 空气锤的结构和工作原理

空气锤的结构如图 3-1 所示,由锤身、压缩缸、工作缸、传动机构、操纵机构、落下部分及砧座等组成。空气锤的公称规格是以落下部分的质量来表示的,落下部分包括了工作活塞、锤杆、锤头和上砧铁。例如 65 kg 空气锤,是指其落下部分质量而不是指它的打击力为 65 kg。

空气锤的工作原理是:电动机通过减速机构带动曲柄连杆机构转动,曲柄连杆机构把电动机的旋转运动转化为压缩活塞的上下往复运动,压缩活塞通过上下旋阀将压缩空气压入工作缸的下部或上部,推动落下部分的升降运动,实现锤头对锻件的打击。

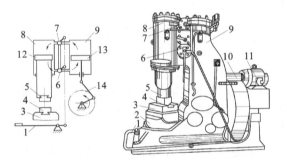

图 3-1　空气锤的结构

1—踏杆;2—砧座;3—砧座;4—下砧铁;5—上砧铁;6—下旋阀;7—上旋阀;8—工作缸;
9—压缩缸;10—减速装置;11—电动机;12—工作活塞;13—压缩活塞;14—连杆

2) 空气锤的操作

通过踏杆或手柄操纵配气机构(上、下旋阀),可实现空转、悬空、压紧、连续打击和单次打击等操作。

(1) 空转　转动手柄控制上、下旋阀的位置,使压缩缸的上下气道都与大气连通,压缩空气不进入工作缸,而是排入大气中,压缩活塞空转。

(2) 悬空　控制上旋阀的位置使工作缸和压缩缸的上气道都与大气连通,当压缩活塞向上运行时,压缩空气排入大气中,而活塞向下运行时,压缩空气经由下旋阀,冲开一个防止压缩空气倒流的逆止阀,进入工作缸下部,使锤头始终悬空。

(3) 压紧　控制上、下旋阀的位置使压缩缸的上气道和工作缸的下气道都与大气连通,当压缩活塞向上运行时,压缩空气排入大气中,而当活塞向下运行时,压缩缸下部空气通过下旋阀并冲开逆止阀,转而进入上、下旋阀连通道内,经由上旋阀进入工作缸上部,使锤头向下压紧锻件。与此同时,工作缸下部的空气经由下旋阀排入大气中。

（4）连续打击　控制上、下旋阀的位置使压缩缸和工作缸都与大气隔绝，逆止阀不起作用。当压缩活塞上下往复运动时，将压缩空气不断压入工作缸的上下部位，推动锤头上下运动，进行连续打击。

（5）单次打击　由连续打击演化出单次打击。即在连续打击的气流下，手柄迅速返回悬空位置，打一次即停。单次打击不易掌握，初学者要谨慎对待，手柄稍不到位，单次打击就会变为连续打击，此时若翻转或移动锻件易出事故。

### 3. 自由锻的基本工序

实现锻件基本成形的工序称为基本工序，如镦粗、拔长、冲孔、弯曲、扭转和切割等。基本工序前要有辅助工序，如压钳口、压钢锭棱边和切肩等。基本工序后要有修整形状的精整工序，如滚圆、摔圆、平整和校直等。

（1）镦粗　镦粗是指使坯料高度减小，截面增大的锻造工序，如图 3-2 所示。通常用来生产盘类件毛坯，如齿轮坯、法兰盘等。圆钢镦粗下料的高径比要满足 $h_0/d_0 = 2.5 \sim 3$，坯料太高，镦粗时会发生侧弯或双鼓变形，锻件易产生夹黑皮折叠而报废，如图 3-3 和图 3-4 所示。

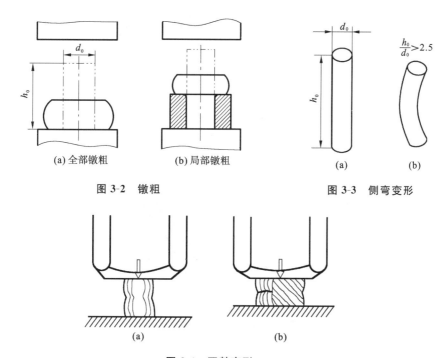

(a) 全部镦粗　　(b) 局部镦粗

图 3-2　镦粗

(a)　　(b)

$\dfrac{h_0}{d_0} > 2.5$

图 3-3　侧弯变形

(a)　　　(b)

图 3-4　双鼓变形

（2）拔长　拔长是指使坯料的长度增加，截面减小的锻造工序。通常用来生产轴类件毛坯，如车床主轴、连杆等。拔长时，每次的送进量 $L$ 应为砧宽 $B$ 的 $0.3\sim0.7$ 倍，若 $L$ 太大，则金属横向流动多，纵向流动少，拔长效率反而下降。若 $L$ 太小，又易产生夹层，如图 3-5 所示。

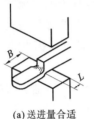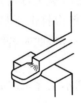

(a)送进量合适　　(b)送进量太大，拔长效率低　　(c)送进量太小，产生夹层

**图 3-5　拔长的送进量**

拔长过程中应作 90°翻转，较重锻件常采用锻打完一面再翻转 90°锻打另一面的方法；较小锻件则采用来回翻转 90°的锻打方法，如图 3-6 所示。

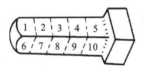

(a)打完一面后翻转90°　　　(b)来回翻转90°锻打

**图 3-6　拔长时坯料的翻转方法**

圆形截面坯料拔长时，先锻成方形截面，在 $N-1$ 次时锻成八角形截面，最后倒棱滚打成圆形截面，如图 3-7 所示。这样拔长效率高，且能避免引起中心裂纹。

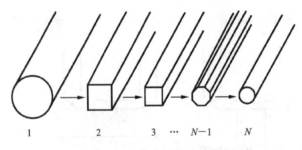

1　　　2　　　3 … $N-1$　　$N$

**图 3-7　圆形坯料拔长时的过渡截面形状**

（3）冲孔　冲孔是指用冲子在坯料上冲出通孔或不通孔的锻造工序。实心冲头双面冲孔如图 3-8 所示，在镦粗平整的坯料表面上先预冲一凹坑，放少许煤

粉,再继续冲至约 3/4 深度时,借助于煤粉燃烧的膨胀气体取出冲子,翻转坯料,从反面将孔冲透。

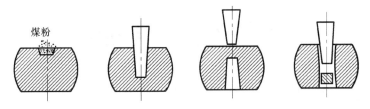

图 3-8 实心冲头双面冲孔

（4）弯曲 弯曲是指使坯料弯曲成一定角度或形状的锻造工序,如图 3-9 所示。

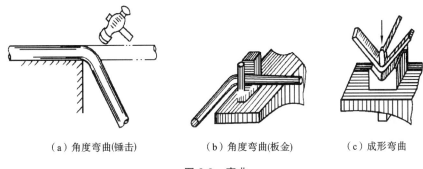

（a）角度弯曲(锤击)　　（b）角度弯曲(板金)　　（c）成形弯曲

图 3-9 弯曲

（5）扭转 扭转是指使坯料的一部分相对另一部分旋转一定角度的锻造工序,如图 3-10 所示。

（6）切割 切割是指分割坯料或切除料头的锻造工序。

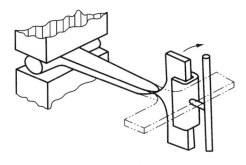

图 3-10 扭转

# 3.2 板料冲压成形

板料冲压是利用冲模,使板料产生分离或变形的加工方法。因多数情况下板料无须加热,故称冷冲压,又简称冷冲或冲压。

常用的板材为低碳钢、不锈钢、铝、铜及其合金等,它们塑性高,变形抗力低,适合于冷冲压加工。

板料冲压易实现机械化和自动化,生产效率高;冲压件尺寸精确,互换性好;表面光洁,无须机械加工;广泛用于汽车、电器、日用品、仪表和航空等制造业中。

## 3.2.1 冲床结构及其工作原理

冲床有很多种类型,常用的开式冲床如图 3-11 所示。电动机 4 通过 V 带 10 带动大飞轮 9 转动,当踩下踏板 12 后,离合器 8 使大飞轮与曲轴相连而旋转,再经连杆 5 使滑块 11 沿导轨 2 做上下往复运动,进行冲压加工。当松开踏板时,离合器脱开,制动器 6 立即制止曲轴转动,使滑块停止在最高位置上。

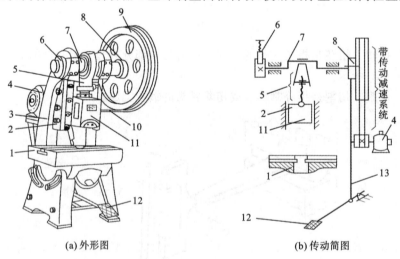

(a) 外形图　　　　　　　　　　(b) 传动简图

**图 3-11　开式冲床**

1—工作台;2—导轨;3—床身;4—电动机;5—连杆;6—制动器;7—曲轴;
8—离合器;9—大飞轮;10—V 带;11—滑块;12—踏板;13—拉杆

### 3.2.2 冲模

**1. 冲模结构**

冲模的种类繁多。如图 3-12 所示,冲模的上模通过模柄固定在冲床的滑块上,随滑块上下运动;下模用螺钉固定在工作台上。冲模的主要零部件简介如下。

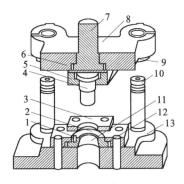

图 3-12 冲模

1—定位销;2—导板;4—冲头;5—冲头压板;
6—模垫;7—模柄;8—上模板;9—导套;
10—导柱;11—凹模;12—凹模压板;13—下模板

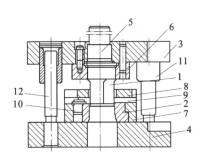

图 3-13 简单冲模装配图

1—凸模;2—凹模;3—上模板;4—下模板;
5—模柄;6,7—压板;8—卸料板;
9—导板;10—定位销;11—导套;12—导柱

(1)凸模与凹模 它们属工艺零件,直接使冲压件成形。它们一般是用过盈配合压装在固定板上,然后用螺钉和销钉固定在上、下模座上。

(2)模架 模架属支承部件。模架的结构形式有许多种,它包括上、下模座和导柱、导套。上模座用于安装模柄和凸模组件;下模座用于安装凹模和送料、卸料等零件。导套、导柱分别固定在上、下模座上,保证冲压时上下模能对准。

(3)模柄 模柄属支承零件,通过模柄使冲压模具固定在冲床滑块上。它一般是过盈配合,压装在上模座上。

(4)定位板与定位销 定位板与定位销属导向零件。定位板是用来控制板料送进方向,定位销是用来控制板料的送进量,它们大多安装在下模板上。

(5)卸料板 卸料板属卸料零件,其作用是将冲压后的工件从凸模上卸下。通常用螺钉、弹簧吊装在上模板上。

(6)其他零件 其他零件包括紧固件,如螺钉、销钉等。

**2. 冲模的分类**

冲模基本上可分为简单冲模、连续冲模和复合模三种。

(1)简单冲模 简单冲模是在冲床的一个冲程中只完成一道冲压工序的冲模。落料或冲孔的简单冲模如图 3-12 所示,其装配图如图 3-13 所示。

（2）连续冲模　冲床在一个冲程中,在模具的不同部位上同时完成两道以上冲压工序的冲模,称为连续冲模,如图 3-14 所示。

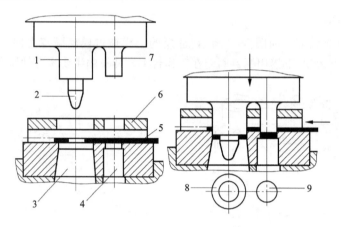

图 3-14　连续冲模

1—落料凸模;2—定位销;3—落料凹模;4—冲孔凹模;

5—坯料;6—卸料板;7—冲孔凸模;8—成品;9—废料

（3）复合冲模　冲床在一个冲程中,在模具的同一个部位上同时完成两道以上冲压工序的冲模,称为复合冲模,如图 3-15 所示。

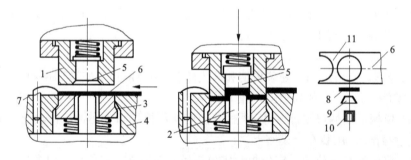

图 3-15　落料及拉深复合冲模

1—凸凹模;2—拉深凸模;3—压板(卸料器);4—落料凹模;5—顶出器;

6—条料;7—挡料销;8—坯料;9—拉深件;10—零件;11—切余材料

### 3.2.3　冲压基本工序

**1. 冲孔和落料(统称为冲裁)**

冲裁是使板料按封闭轮廓分离的工序。如图 3-16 所示,落料时,冲落部分为工件,而余料则为废料;冲孔时,是在工件上冲出所需的孔,冲落部分为废料。

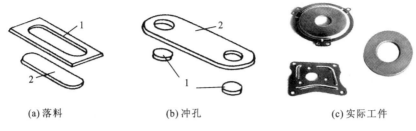

(a)落料　　　　(b)冲孔　　　　(c)实际工件

图 3-16　冲孔与落料

1—废料；2—工件

### 2. 弯曲

弯曲是指将板料弯成一定角度和曲率的变形工序。如图 3-17 所示，弯曲时，板料的内侧受压缩，而外侧被拉伸。当拉应力超过板料的抗拉强度时，就会出现裂纹。所以弯曲件要选择塑性较高的板料，正确地选取弯曲半径，合理地利用板料的纤维方向。

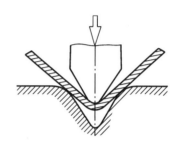

### 3. 拉深

图 3-17　弯曲

拉深也称拉延，属于变形工序，如图 3-18 所示。拉深用的坯料通常由落料工序获得。板料在拉深模作用下，成为杯形或盒形工件。

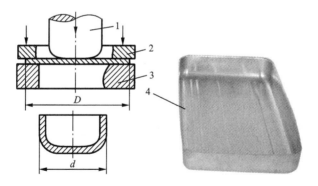

图 3-18　拉深

1—凸模；2—压板；3—凹模；4—实际工件

为了避免拉裂，拉深凹模和凸模的工件部分应加工成圆角。为了确保拉深时板料能顺利通过，凹面和凸面之间有比板料厚度稍大的间隙。拉深时，为了减少摩擦阻力，应在板料或模具上涂润滑剂。另外，为了防止板料起皱，通常用压边圈将板料压住。深度大的拉伸件需经多次拉深才能完成，为此，在拉深工序之间通常要进行退火,以消除拉深过程中金属产生的加工硬化,恢复其塑性。

 **复习思考题**

3-1 锻造毛坯与铸造毛坯相比,其内部组织、力学性能有何不同? 锻造加工有
哪些特点? 试举出三个需锻造制坯零件的例子。

3-2 锻造前坯料加热的目的是什么? 怎样确定低碳钢、中碳钢的始锻温度和终
锻温度?

3-3 加热缺陷有哪些? 哪种缺陷是无可挽救的? 低于始锻温度的锻造会出现
什么缺陷?

3-4 试从设备、模具、锻件精度、生产效率等方面分析比较自由锻、模锻和胎膜
锻之间有何不同。

3-5 自由锻的基本工序有哪些? 齿轮坯、轴类件的锻造各需哪些工序? 镦粗时
对坯料的高径比有何限制? 为什么?

3-6 冲模有哪几类? 它们如何区分? 试给出垫圈的两种冲压方法所使用的
冲模。

3-7 冲压的基本工序有哪些? 剪切与冲裁、落料与冲孔有何异同?

3-8 冲模通常包括哪几个部分? 各有何作用?

# 第 4 章 焊接成形

**学习及实践引导**

······① 了解焊接工艺的特点及应用。

······② 了解手工电弧焊工艺,了解装备、焊条及焊接材料的特点,初步掌握手工电弧焊接操作方法。

······③ 了解气焊工艺、装备及气体特性,初步掌握气焊的操作方法。

······④ 了解气体保护焊、氩弧焊工艺特点。

　　焊接是指通过加热、加压,或者两者并用,并且使用或者不使用填充材料,使焊件达到原子结合的一种加工方法。

　　按照焊接过程中金属材料所处的状态不同,目前把焊接方法分为熔焊、压焊、钎焊三类。

　　(1) 熔焊　熔焊是指在焊接过程中,将焊件接头加热至熔化状态,不加压力完成焊接的方法。常用的熔焊方法有电弧焊、气焊、电渣焊等。

　　(2) 压焊　压焊是指在焊接过程中,必须对焊件施加压力(加热或加压),以完成焊接的方法。常用的压焊方法有电阻焊(含对焊、点焊、缝焊等)、摩擦焊、旋转电弧焊、超声波焊等。

　　(3) 钎焊　钎焊是硬钎焊和软钎焊的总称。采用比母材金属熔点低的金属材料作为钎料,将焊件和钎料加热到高于钎料熔点、低于母材熔化温度,利用液态钎料润湿母材,填充接头间隙并与母材相互扩散实现连接焊件的方法。常用的钎焊方法有火焰钎焊、感应钎焊、炉中钎焊、盐浴钎焊和真空钎焊等。

# 4.1 焊条电弧焊

　　焊条电弧焊是用手工操纵焊条进行焊接的电弧焊方法。它利用焊条与焊件之间建立起来稳定燃烧的电弧,使焊条和焊件熔化,从而获得牢固的焊接接头。

　　焊条电弧焊设备简单,操作灵活方便,适合各种条件下的焊接。但要求操作者技术水平较高,生产率低,劳动条件差。主要用于单件小批生产中低碳钢、低合金结构钢、不锈钢的焊接和铸铁的补焊等。

## 4.1.1　焊接电弧

　　焊接电弧是在电极与工件之间的气体中,产生持久、强烈的自持放电现象。

　　焊接电弧分三个区域,即阴极区、阳极区和弧柱区(见图 4-1)。阴极区:热量约占电弧总热量的 38%,温度约为 2 100 ℃。阳极区:热量约占电弧总热量的 42%,温度约为 2 300 ℃。弧柱区:热量约占电弧总热量的 20%,弧柱中心温度可达 5 700 ℃以上。

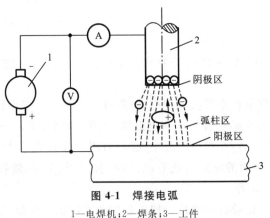

图 4-1　焊接电弧

1—电焊机;2—焊条;3—工件

## 4.1.2　焊条电弧焊设备

### 1. 直流弧焊机

采用直流弧焊机焊接时有正接和反接两种接法(见图 4-2)。

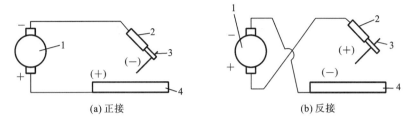

**图 4-2 直流电源时的正接与反接**
1—直流电焊机；2—焊钳；3—焊条；4—工件

（1）正接法 正接法的焊件接电源正极，焊条接负极，如图 4-2(a) 所示。正接时，工件上热量较大，可保证有较大的熔深，用于厚件焊接。

（2）反接法 焊件接电源负极，用于薄板和有色金属焊接。

**2. 交流弧焊机**

它是符合焊接要求的降压变压器。交流弧焊机结构简单，制造方便，成本低廉，节省电能，使用可靠，维修方便。其缺点是电弧不够稳定。交流弧焊机是一种常用的焊条电弧焊设备。

### 4.1.3 电焊条

焊条是涂有药皮的供焊条电弧焊用的熔化电极。

**1. 焊条的组成**

手工焊焊条由焊芯和药皮两部分组成（见图 4-3）。

（1）焊芯 焊芯是指焊条中被药皮包覆的金属芯。它起导电和填充金属的作用。焊芯通常采用焊接专用钢丝。常用的焊芯直径为 $2.5\sim6.0$ mm，长度为 $350\sim450$ mm。

（2）药皮 药皮是指压涂在焊芯表面的涂料层。其主要作用是提高电弧燃烧的稳定性，保护焊接熔池，保证

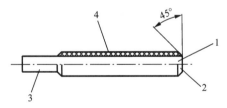

**图 4-3 焊条的组成**
1—焊芯；2—引弧端；3—夹持端；4—药皮

焊缝脱氧，去除进入溶池的硫、磷杂质，为焊缝补充有益的合金元素。

**2. 焊条的分类、型号与牌号**

1）焊条的分类

按用途可分为九类，即结构钢焊条、耐热焊条、不锈钢焊条、堆焊焊条、铸铁焊条、镍及镍合金焊条、铜及铜合金焊条、铝及铝合金焊条、特殊用途焊条等。

按焊条药皮熔化后的特性分两类。

(1)酸性焊条　焊缝冲击韧度低,合金元素烧损多,电弧稳定,易脱渣,金属飞溅少。适合于焊接低碳钢和不重要的结构件。

(2)碱性焊条　合金化效果好,抗裂性能好,直流反接,电弧稳定性差,飞溅大,脱渣性差。主要用于焊接重要的结构件、如压力容器等。

2)焊条的型号与牌号

GB/T 5117—2012 规定了碳钢焊条型号编制方法。

举例如下:

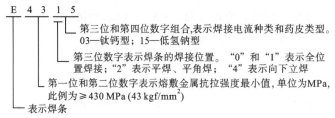

焊条牌号是焊条行业统一的焊条代号,各种焊条牌号都是由相应的拼音字母(或汉字)和其后的三位数字组成。拼音字母(或汉字)表示焊条类别;其后的前两位数字表示焊缝金属抗拉强度的最低值;第三位数字表示药皮类型和电源种类。常用的焊条型号和牌号对照可查资料手册。

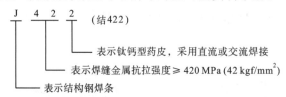

3)焊条的选用

选用焊条应在保证焊接质量前提下,尽量提高劳动生产率和降低产品成本,应考虑以下因素。

(1)对于低、中碳钢和普通低合金钢的焊接。一般应按母材的强度等级选择相应强度等级的焊条。对于耐热钢和不锈钢的焊接应选用与工件化学成分相同或相近的焊条。如母材含杂质较高时,宜选用抗裂性好的碱性焊条。

(2)若工件承受交变载荷或冲击载荷,宜采用碱性焊条。若焊件在腐蚀性介质中工作,宜选用不锈钢焊条。

(3)工件结构复杂,刚度高时,选用碱性焊条。焊接部位无法清理干净时,宜选用酸性焊条。对于仰、立位置焊接,应选用全位置焊接的焊条。

(4)在酸性焊条和碱性焊条都能满足要求情况下,应尽量选用酸性焊条。为提高焊缝质量,宜选用碱性焊条。

## 4.1.4 焊条电弧焊工艺

### 1. 接头形式

焊条电弧焊常见的接头形式有对接接头、角接接头、T 形接头、搭接接头，如图 4-4 所示。

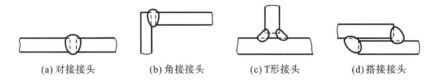

(a) 对接接头     (b) 角接接头     (c) T形接头     (d) 搭接接头

**图 4-4　接头的形式**

### 2. 坡口形式

焊条电弧焊常用的坡口形式、尺寸及焊缝形式如表 4-1 所示。坡口形式根据接头形式、焊件厚度及结构等按规定选用。

**表 4-1　焊条电弧焊常用坡口形式**

| $\delta$/mm | 名称 | 坡口形式,坡口尺寸/mm | 焊 缝 形 式 |
|---|---|---|---|
| 1～3 | I 形坡口 | 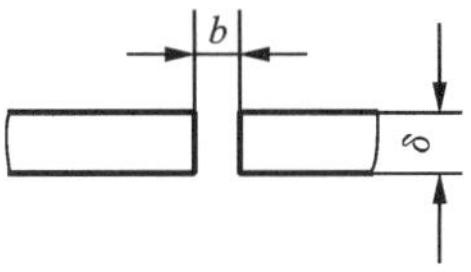 $b=0\sim2.5$ |  $b=0\sim1.5$ |
| 3～6 | | |  $b=0\sim2.5$ |
| 3～26 | Y 形坡口 | 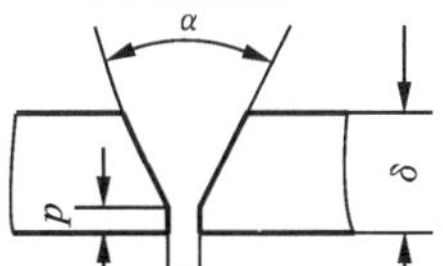 $\alpha=40°\sim60°$　$b=0\sim3$　$p=1\sim4$ | 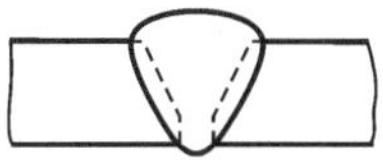 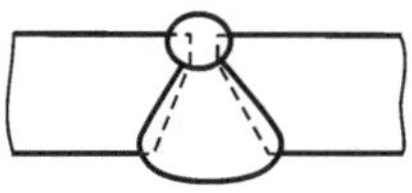 |
| 3～26 | I 形坡口 | 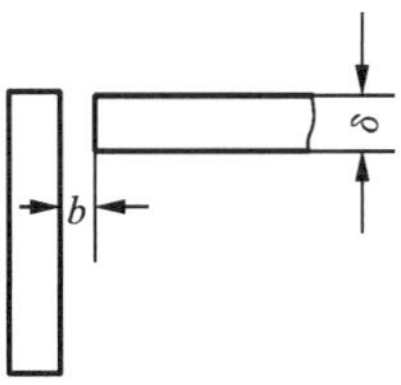 $b=0\sim2$ | 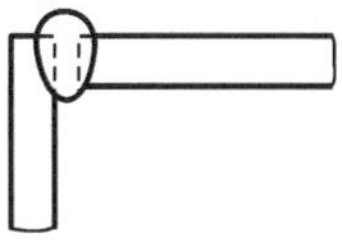 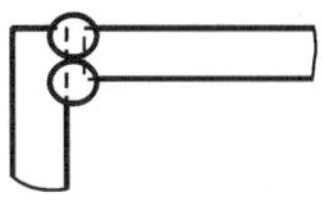 |

### 3. 焊缝的空间位置

按空间位置不同,焊缝分为平焊、横焊、立焊和仰焊四种(见图 4-5)。其中施焊操作最方便、焊接质量最容易保证的是平焊缝,因此在布置焊缝时应尽量使焊缝能在水平位置进行焊接。

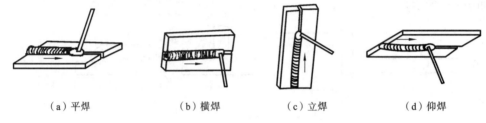

(a)平焊　　　　　(b)横焊　　　　　(c)立焊　　　　　(d)仰焊

图 4-5　焊缝的空间位置

### 4. 焊接规范的选择

(1)焊条直径　由工件厚度、焊缝位置和焊接层数等因素确定。选用较大直径的焊条,能提高生产率。但焊条直径过大,会造成未焊透和焊缝成形不良。

(2)焊接电流　主要由焊条直径和焊缝位置确定,有

$$I = Kd$$

式中:$I$——焊接电流,A;

$\quad d$——焊条直径,mm;

$\quad K$——经验系数,一般为 25~60。

平焊时 $K$ 取较大值;立、横、仰焊时取较小值。使用碱性焊条时焊接电流要比使用酸性焊条时略小。增大焊接电流能提高生产率,但电流过大,易造成焊缝咬边和烧穿等缺陷;焊接电流过小,使生产率降低,并易造成夹渣、未焊透等缺陷。

(3)焊接速度　焊条电弧焊的焊接速度是指焊接过程中焊条沿焊接方向移动的速度,焊接速度过快会造成焊缝变窄,严重凸凹不平,容易产生咬边及焊缝波形变尖;焊接速度过慢会使焊缝变宽,余高增加,功效降低。焊接速度还直接决定着热输入量的大小,一般根据钢材的淬硬倾向以及保证焊缝尺寸符合设计图样要求为准。

### 4.1.5　焊条电弧焊基本操作技术

#### 1. 引弧

(1)划擦法　先将焊条对准焊件,再将焊条像划火柴似的在焊件表面轻轻

划擦,引燃电弧,然后迅速将焊条提起2~4 mm,并使之稳定燃烧。

（2）敲击法 将焊条末端对准焊件,然后手腕下弯,使焊条轻微碰一下焊件,再迅速将焊条提起2~4 mm,引燃电弧后手腕放平,使电弧保持稳定燃烧。这种引弧方法不会使焊件表面划伤,又不受焊件表面大小、形状的限制,所以是在生产中主要采用的引弧方法。但操作技巧不易掌握,需提高熟练程度。

**2. 运条**

运条是焊接过程中最重要的环节,它直接影响焊缝的外表成形和内在质量。电弧引燃后,一般情况下焊条有三个基本运动:朝熔池方向逐渐送进、沿焊接方向逐渐移动、横向摆动。常用的运条方法有直线形运条法、直线往复运条法、锯齿形运条法、月牙形运条法、三角形运条法、圆圈形运条法、倒8字运条法等(见图4-6)。

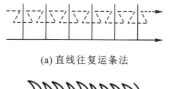

(a) 直线往复运条法

(b) 锯齿形运条法

(c) 月牙形运条法

(d) 斜三角形运条法

(e) 正三角形运条法

(f) 圆圈形运条法

**图4-6 常用的运条方法**

**3. 焊缝收尾**

焊缝收尾时,为了不出现尾坑,焊条应停止向前移动,而采用划圈收尾法或反复断弧法自下而上地慢慢拉断电弧,以保证焊缝尾部成形良好。

（1）划圈收尾法 焊条移至焊道的终点时,利用手腕的动作做圆圈运动,直到填满弧坑再拉断电弧。该方法适用于厚板焊接,用于薄板焊接会有烧穿危险。

（2）反复断弧法 焊条移至焊道终点时,在弧坑处反复熄弧、引弧数次,直到填满弧坑为止。该方法适用于薄板及大电流焊接,但不适用于碱性焊条,否则会产生气孔。

## 4.2 气焊与气割

气焊是利用气体火焰作热源的焊接法,常用的是氧乙炔焊。

### 4.2.1 气焊设备

#### 1. 气焊设备与工具

气焊设备与工具有焊炬、减压阀、氧气瓶(天蓝色、黑字)、乙炔瓶(白色、红字)(见图 4-7)。

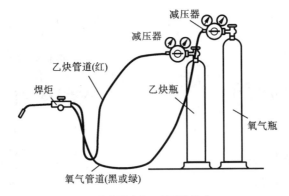

(a) 气焊设备与工具系统组成

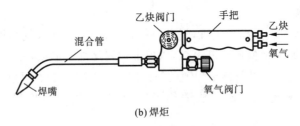

(b) 焊炬

图 4-7 气焊设备与工具

#### 2. 氧乙炔焰的分类

(1) 氧化焰(见图 4-8(a)) 氧和乙炔混合(容积)比例为:$V_{O_2}/V_{C_2H_2} > 1.2$。

火焰中有过量氧,在尖形焰心外面形成一个有氧化性的富氧区。使用较少,轻微的氧化焰适用于焊接黄铜和青铜，锰钢及镀锌铁皮。

（2）中性焰（见图 4-8（b）） 氧和乙炔混合（容积）比例为：$V_{O_2}/V_{C_2H_2}=$
1.1～1.2。在一次燃烧区内既无过量氧又无游离碳。其应用最广，多用于焊接一般碳钢和有色金属。

（3）碳化焰（还原焰）（见图 4-8（c）） 氧和乙炔混合（容积）比例为：$V_{O_2}/V_{C_2H_2}<1.1$。火焰中有游离碳，具有较强的还原作用，也有一定渗碳作用。

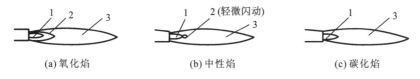

(a) 氧化焰                (b) 中性焰                (c) 碳化焰

图 4-8 氧-乙炔焰的分类

1—焰心；2—内焰；3—外焰

## 4.2.2 气焊工艺与操作要领

### 1. 点火、调节火焰与灭火

点火时，先微开氧气阀门，再打开乙炔阀门，随后点燃火焰。这时的火焰是碳化焰。然后，逐渐开大氧气阀门，将碳化焰调整成中性焰。同时，按需要把火焰大小也调整合适。灭火时，应先关乙炔阀门，后关氧气阀门。

### 2. 堆平焊波

气焊时，一般用左手拿焊丝，右手拿焊炬，两手的动作要协调，沿焊缝向左或向右焊接。焊嘴轴线的投影应与焊缝重合，同时要注意掌握好焊嘴与焊件的夹角，正常焊接时，一般保持在 30°～50°范围内。焊炬向前移动的速度应能保证焊件熔化并保持熔池具有一定的大小。焊件熔化形成熔池后，再将焊丝适量地点入熔池内熔化。

## 4.2.3 气割

### 1. 气割原理

气割是指利用可燃气体与氧气混合燃烧的火焰热能将工件切割处预热到一定温度后，喷出高速切割氧流，使金属剧烈氧化并放出热量，利用切割氧流把熔化状态的金属氧化物吹掉，而实现切割的方法。金属的气割过程实质是铁在纯氧中的燃烧过程，而不是熔化过程。

### 2. 气割要求

气割过程是预热→燃烧→吹渣过程，但并不是所有金属都能满足这个过程

的要求,只有符合下列条件的金属才能进行气割:

(1) 金属在氧气中的燃烧点应低于其熔点;

(2) 气割时金属氧化物的熔点应低于金属的熔点;

(3) 金属在切割氧流中的燃烧应是放热反应;

(4) 金属的导热性不应太高;

(5) 金属中阻碍气割过程和提高钢的可淬性的杂质要少。

符合上述条件的金属有纯铁、低碳钢、中碳钢和低合金钢等。其他常用的金属材料如铸铁、不锈钢、铝和铜等,则必须采用特殊的气割方法(例如等离子切割等)。

# 4.3 其他焊接方法

还有许多其他焊接方法,如气体保护焊、埋弧自动焊、电渣焊、电阻焊等。

## 4.3.1 手工钨极氩弧焊

手工钨极氩弧焊是一种用氩气作为保护气体的电弧焊接方法。

氩弧焊时,氩气在电弧周围形成保护气层,使熔融金属、钨极端头和焊丝不与空气接触。氩气是一种惰性气体,既不与金属起化学反应,也不溶解于液体金属中,因而焊件中的合金元素不易被烧损,焊缝也不易产生气孔。

氩弧焊按所用的电极不同,分为熔化极氩弧焊(见图 4-9(a))和钨极氩弧焊(见图 4-9(b))两种,它有手工、半自动和自动三种操作方法,目前应用最广泛的是手工钨极氩弧焊。

## 4.3.2 电阻焊

电阻焊是将被焊工件压紧于两电极之间,并施以电流,利用电流流经工件接触面及邻近区域产生的电阻热效应将其加热到熔化或塑性状态,使之形成金属结合的一种方法。

电阻焊方法主要有四种,即电阻点焊、缝焊、电阻对焊、闪光对焊(见图4-10)。

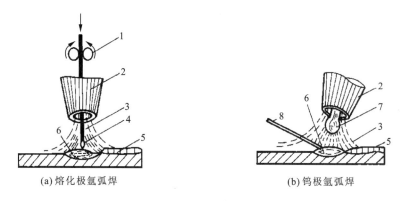

(a) 熔化极氩弧焊 　　　　(b) 钨极氩弧焊

**图 4-9　氩弧焊示意图**

1—送丝滚轮；2—喷嘴；3—气体；4—焊丝；5—焊缝；6—熔池；7—钨极；8—填充焊丝

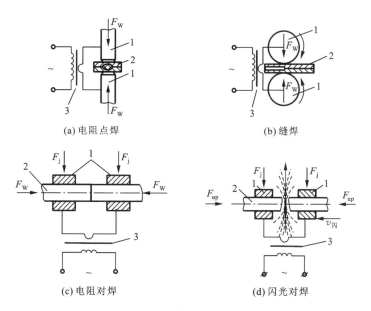

(a) 电阻点焊 　　　　(b) 缝焊

(c) 电阻对焊 　　　　(d) 闪光对焊

**图 4-10　电阻焊示意图**

1—电极；2—工件；3—电源

**1. 电阻点焊**

电阻点焊是指将焊件装配成搭接接头，并压紧在两柱状电极之间，利用电阻热熔化母材金属，形成焊点的电阻焊方法。电阻点焊主要用于薄板焊接。电阻点焊的工艺过程如下。

（1）预压　保证工件接触良好。

（2）通电　使焊接处形成熔核及塑性环。

（3）断电锻压　使熔核在压力继续作用下冷却结晶,形成组织致密、无缩孔、裂纹的焊点。

### 2. 电阻缝焊

电阻缝焊的过程与点焊相似,只是以旋转的圆盘状滚轮电极代替柱状电极,将焊件装配成搭接或对接接头,并置于两滚轮电极之间,滚轮加压焊件并转动,连续或断续送电,形成一条连续焊缝的电阻焊方法。

缝焊主要用于焊接焊缝较为规则、要求密封的结构,板厚一般在 3 mm 以下。

### 3. 电阻对焊

电阻对焊是指将焊件装配成对接接头,使其端面紧密接触,利用电阻热加热至塑性状态,然后断电并迅速施加顶锻力完成焊接的方法。

电阻对焊主要用于截面简单、直径或边长小于 20 mm 和强度要求不太高的焊件。

### 4. 闪光对焊

闪光对焊是指将焊件装配成对接接头,接通电源,使其端面逐渐移近达到局部接触,利用电阻热加热这些接触点,在大电流作用下,产生闪光,使端面金属熔化,直至端部在一定深度范围内达到预定温度时,断电并迅速施加顶锻力完成焊接的方法。

闪光焊的接头质量比电阻焊好,焊缝的力学性能与母材相当,而且焊前不需要清理接头的预焊表面。闪光对焊常用于重要焊件的焊接。可焊同种金属,也可焊异种金属;可焊 0.01 mm 的金属丝,也可焊截面积 20 000 mm$^2$ 的金属棒和型材。

## 4.4　焊接缺陷

常见焊接缺陷如下。

### 1. 气孔

焊接时,熔池中的气泡在凝固时未能逸出而残留下来而形成的空穴称为气孔。

产生气孔的原因有:焊丝、焊件表面的油、污、锈、垢及氧化膜没有清除干净;熔剂受潮或质量不好;焊缝填充不均匀;焊接速度过快,火焰过早离开熔池等。

### 2．未焊透

焊接时接头根部未能完全熔透的现象称为未焊透。

产生未焊透的原因较多:焊接接头在气焊前未经清理干净,坡口角度过小、接头间隙太小,焊接电流太小、焊接速度过快等。

### 3．夹渣

焊后残留在焊缝中的熔渣称为夹渣。

产生夹渣的原因:焊丝选用不当,焊层和焊道间的熔渣未清除干净,熔池金属冷却过快。

### 4．裂纹

在焊接应力及其他致脆因素共同作用下,焊接接头中局部地区的金属原子结合力遭到破坏而形成的新界面而产生的缝隙称为焊接裂纹。

焊接裂纹产生的原因有:焊接材料和焊接工艺选择不当,焊缝过于集中,焊缝金属冷却速度太快。

### 5．烧穿

在气焊过程中,熔化金属自坡口背面流出,形成穿孔的缺陷称为烧穿。

产生烧穿的原因主要有:接头处间隙过大或钝边太薄,火焰能率过大,焊接速度太慢,焊接火焰在某一处停留时间过长。

## 复习思考题

4-1 焊接电弧是一种什么现象?

4-2 电弧中各区的温度有多高?

4-3 用直流电和交流电焊接的效果一样吗?

4-4 焊接药皮起什么作用?

4-5 电阻点焊对工件的厚度有什么要求?

4-6 焊接接头有哪些形式?

4-7 接头坡口有哪些形式?

4-8 焊条是怎样分类的?

# 第 5 章　切削加工基础和零件加工质量检验技术

## 5.1　切削加工基础

### 5.1.1　概述

　　金属切削加工是利用刀具将毛坯上多余的金属材料切除,从而使工件达到规定精度和表面质量的机械加工方法。为了切除多余的金属,刀具和工件之间必须有相对运动,即切削运动。

### 5.1.2　切削运动与切削用量

#### 1. 切削运动

切削运动可分为主运动和进给运动。主运动是使工件与刀具产生相对运动

以进行切削的最基本运动,主运动的速度最高,所消耗的功率最大。在切削运动中,主运动只有一个。它可以由工件完成,也可以由刀具完成。可以是旋转运动,也可以是直线运动。如车削外圆时工件的旋转运动和刨削平面时刀具的直线往复运动都是主运动(见图 5-1)。

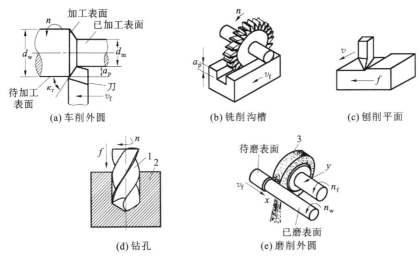

(a) 车削外圆          (b) 铣削沟槽          (c) 刨削平面

(d) 钻孔          (e) 磨削外圆

**图 5-1  切削加工运动简图**
1—钻头;2—工件;3—砂轮

进给运动是不断地把被切削层投入切削,以逐渐切削出整个表面的运动。进给运动一般速度较低,消耗的功率较少,可由一个或多个运动组成。可以是连续的,也可以是间断的。车削外圆、铣削沟槽、刨削平面、钻孔、磨削外圆的切削运动如图 5-1 所示。

**2. 切削用量**

切削用量是指切削速度 $v_c$、进给量 $f$(或进给速度 $v_f$)和背吃刀量 $a_p$ 三者的总称,可称为切削用量三要素。

(1)切削速度 $v_c$  切削刃上选定点相对于工件沿主运动方向的瞬时速度称为切削速度,以 $v_c$ 表示,单位为 m/min 或 m/s。

若主运动为旋转运动(如车削、铣削等),切削速度一般为其最大线速度,计算公式为

$$v_c = \frac{\pi d n}{1000 \times 60} \text{ m/s}$$

式中:$d$——工件或刀具直径(mm);

$n$——工件或刀具转速(r/min)。

(2)进给量 $f$  刀具在进给运动方向上相对于工件的位移量,可用刀具或

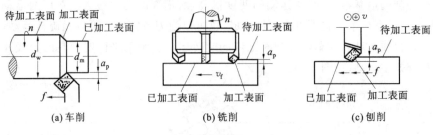

图 5-2　切削用量三要素

(a) 车削　(b) 铣削　(c) 刨削

工件每转(主运动为旋转运动时)或每行程(主运动为直线运动时)的位移量来表达和测量,称为每转进给量(mm/r)或每行程进给量(mm/st);用多齿刀具(如铣刀)加工时,也可用进给运动的瞬时速度即进给速度来表述,以 $v_f$ 表示,其单位为 mm/s 或 mm/min,如图 5-2 所示。

(3) 背吃刀量 $a_p$　在通过切削刃上选定点并垂直于该点主运动方向的切削层尺寸平面中,垂直于进给运动方向测量的切削层尺寸,称为背吃刀量,以 $a_p$ 表示,单位为 mm。车外圆时,$a_p$ 计算公式为

$$a_p = \frac{d_w - d_m}{2} \ mm$$

式中:$d_w$——工件待加工表面(见图 5-2)直径,mm;

$d_m$——工件已加工表面直径,mm。

## 5.1.3　刀具材料和刀具主要几何角度

### 5.1.3.1　刀具材料

#### 1. 对刀具材料的基本要求

刀具材料是指刀具切削部分的材料,在切削时要承受高温、高压、强烈的摩擦、冲击和振动,因此,刀具切削部分的材料应具备以下基本性能。

(1) 高的硬度　刀具材料的硬度必须高于工件材料的硬度。刀具材料的常温硬度,一般要求在 60HRC 以上。

(2) 好的耐磨性　耐磨性高才能维持一定的切削时间,一般刀具材料的硬度越高,耐磨性越好。

(3) 足够的强度和韧度　具有足够的强度和韧度以便承受切削力、冲击和振动,避免产生崩刃和折断。

(4) 高的耐热性(热稳定性)　耐热性是指刀具材料在高温下保持硬度、强度不变的能力。

(5) 良好的工艺性能　具有良好的工艺性能以便制造各种刀具,通常刀具

材料应具有良好的锻造性能、热处理性能、焊接性能、磨削加工性能等。

**2. 常用刀具材料**

常用刀具材料有碳素工具钢、合金工具钢、高速钢、硬质合金等。

（1）碳素工具钢（如 T10、T12A）及合金工具钢（如 9SiCr）　其特点是淬火硬度较高，价廉。但耐热性能较差，淬火时易产生变形，通常只用于手工工具及形状较简单、切削速度较低的刀具。

（2）高速钢　高速钢是指含有较多 W、Mo、Cr、V 等元素的高合金工具钢。高速钢具有较高的硬度（热处理硬度可达 62～67 HRC）和耐热性（切削温度可达 500～600 ℃）。可以加工铁碳合金、非铁金属、高温合金等材料。高速钢具有高的强度和韧度，抗冲击振动的能力较强，适宜制造各类刀具。常用牌号分别是 W18Cr4V 和 W6Mo5Cr4V2 等。

（3）硬质合金　硬质合金是在高温下烧结而成的粉末冶金制品。具有较高的硬度（70～75 HRC），能耐 850～1 000 ℃的高温，具有良好的耐磨性。可加工包括淬硬钢在内的多种材料，因此获得广泛应用。其缺点是性脆，怕冲击振动，刃口不锋利，较难加工，不易做成形状较复杂的整体刀具。因此通常将硬质合金焊接或机械夹固在刀体（刀柄）上使用（如硬质合金车刀）。常用的硬质合金有钨钴类（YG 类）、钨钛钴类（YT 类）和钨钛钽（铌）类硬质合金（YW 类）三类。

### 5.1.3.2　刀具主要几何角度

金属切削刀具切削部分的结构要素和几何角度有许多共同的特征。如图 5-3 所示，各种多齿刀具或复杂刀具，就其一个刀齿而言，都相当于一把车刀的刀头。

**1. 车刀切削部分的组成**

车刀切削部分由前刀面、主后刀面、副后刀面、主切削刃、副切削刃和刀尖组成（见图 5-4）。

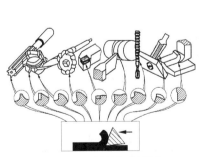

图 5-3　刀具的切削部分

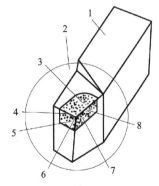

图 5-4　硬质合金外圆车刀

1—夹持部分；2—切削部分；3—前刀面；4—副切削刃；
5—副后刀面；6—刀尖；7—主后刀面；8—主切削刃

（1）前刀面　刀具上切屑流过的表面称为前刀面。

（2）主后刀面　刀具上与工件上的加工表面相对着并且相互作用的表面，称为主后刀面。

（3）副后刀面　刀具上与工件上的已加工表面相对并且相互作用的表面，称为副后刀面。

（4）主切削刃　刀具上前刀面与主后刀面的交线称为主切削刃。

（5）副切削刃　刀具上前刀面与副后刀面的交线称为副切削刃。

（6）刀尖　主切削刃与副切削刃的交点称为刀尖。刀尖实际是一小段曲线或直线，称为修圆刀尖和倒角刀尖。

**2. 车刀切削部分的主要角度**

1）测量车刀切削角度的辅助平面

为了确定和测量车刀的几何角度，需要选取三个辅助平面作为基准，这三个辅助平面是切削平面、基面和正交平面，如图 5-5 所示。

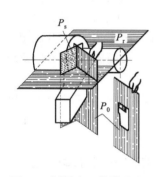
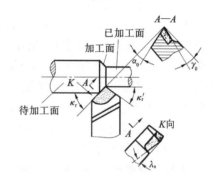

图 5-5　测量车刀的辅助平面　　　　　图 5-6　车刀的主要角度

（1）切削平面 $P_s$　切削平面是切于主切削刃某一选定点并垂直于刀杆底平面的平面。

（2）基面 $P_r$　基面是过主切削刃某一选定点并平行于刀杆底面的平面。

（3）正交平面 $P_0$　主剖面是垂直于切削平面又垂直于基面的平面。

可见这三个坐标平面相互垂直，构成一个空间直角坐标系。

2）车刀的主要角度（见图 5-6）

（1）前角 $\gamma_0$。前角 $\gamma_0$ 在正交平面内测量的前刀面与基面间的夹角。前角的正负方向按图示规定表示，即刀具前刀面在基面之下时为正前角，刀具前刀面在基面之上时为负前角。前角一般在 $-5°\sim 25°$ 之间选取。

（2）后角 $\alpha_0$。在正交平面内测量的主后刀面与切削平面间的夹角。后角不能为零度或负值，一般在 $6°\sim 12°$ 之间选取。

（3）主偏角 $\kappa_r$ 在基面内测量的主切削刃在基面上的投影与进给运动方向的夹角。主偏角一般在 30°～90°之间选取。

（4）副偏角 $\kappa_r'$ 在基面内测量的副切削刃在基面上的投影与进给运动反方向的夹角。副偏角一般为正值。

（5）刃倾角 $\lambda_s$ 在切削平面内测量的主切削刃与基面间的夹角。当主切削刃呈水平时，$\lambda_s=0$；刀尖为主切刃上最高点时，$\lambda_s>0$；刀尖为主切削刃上最低点时，$\lambda_s<0$（见图 5-7）。刃倾角一般在 $-10°～5°$之间选取。

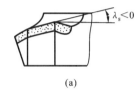
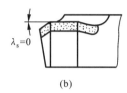
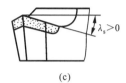

（a）　　　　　　　　　　（b）　　　　　　　　　　（c）

图 5-7 刃倾角的符号

# 5.2 常用量具及其使用方法

## 5.2.1 游标卡尺

游标卡尺是一种比较精密的量具，在测量中用得最多。通常用来测量精度较高的工件，它可测量工件的外直线尺寸、宽度和高度，有的还可用来测量槽的深度。如果按游标的刻度值来分，游标卡尺又分 0.1 mm、0.05 mm、0.02 mm 三种。

**1. 游标卡尺的刻线原理与读数方法**

以刻度值 0.02 mm 的精密游标卡尺为例（见图 5-8），这种游标卡尺由带固定卡脚的尺身和带活动卡脚的游标组成。在游标上有固定螺钉。尺身上的刻度以 mm 为单位，每 10 格分别标以 1、2、3 等，以表示 10 mm、20 mm、30 mm 等。这种游标卡尺的游标刻度是把尺身刻度 49 mm 的长度，分为 50 等份，即每格为

$$\frac{49}{50} \text{ mm}=0.98 \text{ mm}$$

尺身和游标的刻度每格相差：

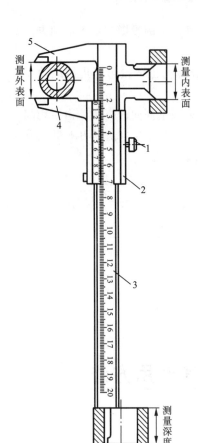

**图 5-8　游标卡尺**

1—螺钉；2—游标；3—尺身；

4—活动卡脚；5—固定卡脚

$(1-0.98)\ \mathrm{mm}=0.02\ \mathrm{mm}$

即测量精度为 0.02 mm。如果用这种游标卡尺测量工件，测量前，尺身与游标的零线是对齐的，测量时，游标相对尺身向右移动，若游标的第一格正好与尺身的第一格对齐，则工件的厚度为 0.02 mm。同理，测量 0.06 mm 或 0.08 mm 厚度的工件时，应该是游标的第三格正好与尺身的第三格对齐或游标的第四格正好与尺身的第四格对齐。

在一般测量时，先看游标零线所对尺身前面是多少毫米，再看副尺上的第几条线正好与尺身上的一条刻线对齐。游标上的每格表示 0.02 mm。然后把两个读数相加，就是被测工件的尺寸。

如图 5-9 所示，游标零线所对尺身前面的刻度为 64 mm,游标零线后的第九条线与尺身的一条刻线对齐。游标零线后的第九条线表示：

$$0.02\times 9\ \mathrm{mm}=0.18\ \mathrm{mm}$$

所以被测工件的尺寸为

$$(64+0.18)\ \mathrm{mm}=64.18\ \mathrm{mm}$$

**2. 游标卡尺的使用与注意事项**

(1) 游标卡尺的使用　游标卡尺可用来测量工件的宽度、外径、内径、和深度。如图 5-10 所示,其中图 5-10(a)所示为测量工件宽度的方法,图 5-10(b)所示为测量工件外径的方法,图 5-10(c)所示为测量工件内径的方法,图 5-10(d)所示为测量工件深度的方法。

**图 5-9　0.02 mm 游标卡尺的读数方法**

(2) 注意事项　游标卡尺是比较精密的量具,使用时应注意如下事项。

① 使用前,应先擦干净两卡脚测量面,合拢两卡脚,检查游标零线与尺身零线是否对齐,若未对齐,应根据原始误差修正测量读数。

(a) 测量工件宽度

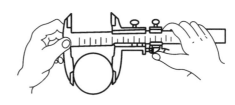

(b) 测量工件外径

(c) 测量工件内径

(d) 测量工件深度

图 5-10    游标卡尺的应用

② 测量工件时,卡脚测量面必须与工件的表面平行或垂直,不得歪斜。且用力不能过大,以免卡脚变形或磨损,影响测量精度。

③ 读数时,视线要垂直于尺面,否则测量值不准确。

④ 测量内径尺寸时,应轻轻摆动,以便找出最大值。

⑤ 游标卡尺用完后,仔细擦净,抹上防护油,平放在盒内,以防生锈或弯曲。

## 5.2.2  深度游标尺和高度游标尺

**1. 深度游标尺**

深度游标尺如图 5-11(a)所示,用于测量孔的深度、台阶的高度、槽的深度等。使用时将尺架贴紧工件平面,再把主尺插到底部,即可读出测量尺寸,或用螺钉紧固,取出后再看尺寸。

**2. 高度游标尺**

高度游标尺如图 5-11(b)所示。高度游标尺除测量高度外,还可作精密划线用。

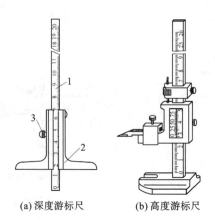

(a) 深度游标尺　　　(b) 高度游标尺

**图 5-11　深度游标尺和高度游标尺**

1—主尺;2—尺架;3—螺钉

### 5.2.3　百分尺

　　百分尺是利用螺旋微动装置测量读数的,其测量精度比游标卡尺的高,其准确度为 0.01 mm。按用途来分,有外径百分尺、内径百分尺、螺纹百分尺等。通常所说的百分尺是指外径百分尺(见图 5-12)。

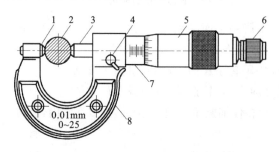

**图 5-12　外径百分尺**

1—砧座;2—工件;3—测量螺杆;4—止动器;5—活动套筒;6—棘轮;7—固定套筒;8—弓架

#### 1. 刻线原理与读数方法

　　百分尺的读数机构由固定套筒和活动套筒组成,在固定套筒上有上下两排刻度线,刻线每小格为 1 mm,相互错开 0.5 mm。测微螺杆的螺距为 0.5 mm,与螺杆固定在一起的活动套筒的外圆周上有 50 等分的刻度。因此,活动套筒转一周,螺杆轴向移动 0.5 mm。如活动套筒只转一格,则螺杆的轴向位移为

$$\frac{0.5}{50} \text{ mm} = 0.01 \text{ mm}$$

这样,螺杆轴向位移的小数部分就可从活动套筒上的刻度读出。可见,圆周刻度线用来读出0.5 mm以下至0.01 mm的小数值的(0.01 mm以下的值可凭经验估出)。

读数分为以下三个步骤。

(1) 读出固定套筒上露出刻线的毫米数和0.5 mm数。

(2) 读出活动套筒上小于0.5 mm的小数值。

(3) 将上述两部分相加,即得总尺寸。

图5-13所示为百分尺的刻线原理和读数示例。图5-13(a)所示的读数为:(12+0.04) mm=12.04 mm;图5-13(b)的读数为:(14.5+0.18) mm=14.68 mm。

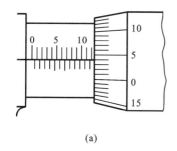
(a)

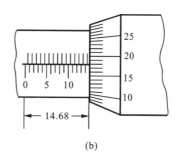
(b)

**图5-13 百分尺的刻线原理和读数示例**

**2. 百分尺的使用方法与注意事项**

(1) 使用方法 百分尺的使用方法如图5-14所示,其中图5-14(a)所示为是单手操作法,图5-14(b)所示为双手操作法,图5-14(c)所示为在车床上测量工件的方法。

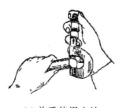
(a) 单手使用方法

(b) 双手使用方法

(c) 在车床上使用的方法

**图5-14 百分尺的使用方法**

（2）使用注意事项　为了使百分尺不会意外损坏或过早丧失精度,使用时应注意下列事项。

① 保持百分尺的清洁,测量前、后都必须擦干净。

② 使用时应先校对零点,若零点未对齐,应根据原始误差修正测量读数。

③ 当测量螺杆快要接近工件时,必须拧动端部棘轮,当棘轮发出"嘎嘎"声打滑声时,表示压力合适,停止拧动。严禁拧动活动套筒,以防用力过度致使测量不准确。

## 5.2.4　百分表

### 1. 结构原理与读数方法

百分表是一种精度较高的比较量具,它只能测出相对数值,不能测出绝对数值,主要用于测量形状和位置误差,也可用于机床上安装工件时的精密找正。百分表的读数准确度为 0.01 mm。百分表的结构原理如图 5-15 所示。当测量杆 1 向上或向下移动 1 mm 时,通过齿轮传动系统带动大指针 2 转一圈,小指针 3 转一格。刻度盘在圆周上有 100 个等分格,每格的读数值为 0.01 mm。小指针每格读数为 1 mm。测量时指针读数的变动量即为尺寸变化量。刻度盘可以转动,以便测量时大指针对准零刻线。

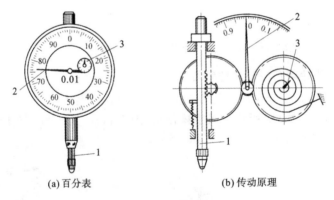

(a) 百分表　　(b) 传动原理

**图 5-15　百分表及传动原理**

1—测量杆；2—大指针；3—小指针

### 2. 使用与注意事项

（1）百分表的使用　百分表常装在表架上使用,如图 5-16 所示。

百分表可用来精确测量零件圆度、圆跳动、平面度、平行度和直线度等几何误差,也可用来找正工件,如图 5-17 所示。

工程训练国家级实验教学示范中心配套教材

# 机械制造技术训练实习报告
# （第二版）

于兆勤　　谢小柱　　罗红平　**主编**

姓　名＿＿＿＿＿＿

学　号＿＿＿＿＿＿

班　级＿＿＿＿＿＿

学　院＿＿＿＿＿＿

华中科技大学出版社
中国·武汉

# 再版前言

　　机械工程训练是高等学校工科专业重要的实践教学环节,为了不断提高工程训练的教学质量,让学生掌握机械制造的各种加工方法和基础知识,培养学生的工程意识,根据工程训练设备及教学内容变化,在原有《机械制造技术训练实习报告》的基础上进行了修订。本实习报告与《机械制造技术训练》(第二版)教材配套使用。其中带 * 号的内容根据训练安排选做。学生通过各项目的训练,在阅读训练教材的基础上,按照教学要求完成实习报告。

　　本实习报告由于兆勤、谢小柱担任主编。

　　限于编者的水平,实习报告中缺点与不足之处在所难免,希望读者批评指正。

编　者

2019 年 1 月

# 目录

训练 1　工程材料及热处理 ·········································（1）

训练 2　铸造 ···························································（2）

训练 3　压力加工 ····················································（4）

训练 4　焊接 ···························································（6）

训练 5　机械加工基础及车削训练 ·································（7）

训练 6　铣削单元 ····················································（9）

训练 7　刨削* ························································（11）

训练 8　磨削* ························································（13）

训练 9　钳工 ·························································（15）

训练 10　数控基础及数控车削 ····································（17）

训练 11　数控铣削 ·················································（20）

训练 12　电火花及数控线切割 ····································（21）

训练 13　激光加工* ················································（23）

训练 14　快速成形* ················································（25）

训练 15　工程训练的体会、意见和建议 ························（26）

# 训练 1 工程材料及热处理

## 1. 填空题。

（1）热处理工艺过程通常由_____、_____、_____三个阶段组成。热处理的目的是改变金属材料的_____，改善_____。

（2）常规热处理主要包括_____、_____、_____、_____等四种方法。

（3）生产中通常把金属材料分为_____和_____两大类。

（4）钢中碳的质量分数在_____以下时称为低碳钢,碳的质量分数在_____时称为中碳钢,碳的质量分数在_____时称为高碳钢。

（5）碳钢按用途分为_____、_____。

（6）合金钢按用途分为_____、_____、_____。

## 2. 名词解释。

退火：_____。

正火：_____。

淬火：_____。

# 训练2 铸造

**1. 填空题。**

（1）铸造生产就是将_____金属浇注到具有与零件形状相适应的_____中，待其_____后，获得一定_____和_____铸件的成形方法。

（2）除了砂型铸造外，铸造还包括_____铸造、_____铸造、_____铸造和_____铸造等方法。

（3）型砂是由_____、_____、_____和_____等材料制备而成的。型砂应具备_____、_____、_____、_____等性能。

（4）砂型铸造的手工造型方法常用的有_____造型、_____造型、_____造型、_____造型、_____造型、_____造型等。

（5）砂型铸造的浇铸系统由_____、_____、_____和_____组成。

**2. 将图 2-1 所示的铸造生产过程框图填充完整。**

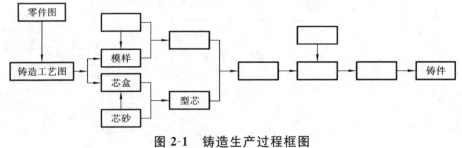

图 2-1　铸造生产过程框图

**3.** 标出铸型装配图(见图 2-2)和带浇冒口铸件(见图 2-3)
各部分的名称。

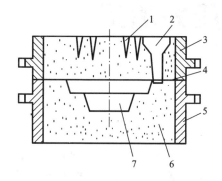

图 2-2　铸型装配图

1 ＿＿＿＿＿＿；　2 ＿＿＿＿＿＿；　3 ＿＿＿＿＿＿；　4 ＿＿＿＿＿＿；
5 ＿＿＿＿＿＿；　6 ＿＿＿＿＿＿；　7 ＿＿＿＿＿＿

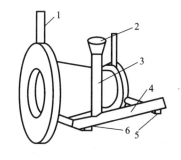

图 2-3　带浇冒口铸件

1 ＿＿＿＿＿＿；　2 ＿＿＿＿＿＿；　3 ＿＿＿＿＿＿；　4 ＿＿＿＿＿＿；
5 ＿＿＿＿＿＿；　6 ＿＿＿＿＿＿

# 训练 3　压力加工

## 1. 填空题。

（1）空气锤的公称规格用_____表示。在实习中所用空气锤的规格是_____，它是生产_____锻件的通用设备。

（2）锻造时将金属加热的目的是_____和_____。

（3）自由锻的基本工序有_____、_____、_____、_____、_____和_____等。

（4）板料冲压训练中，所使用的设备有_____、_____等。

（5）板料冲压是利用_____使板料产生_____或_____的加工方法。

（6）自由锻常用的设备有_____、_____和_____。

（7）自由锻适合于_____生产。

**2. 写出图 3-1 所示板料冲压的工序名称。**

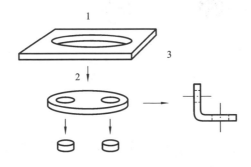

图 3-1 板料冲压示意图

工序 1 _____ ; 工序 2 _____ ; 工序 3 _____ 。

# 训练 4  焊接

## 1. 填空题。

(1) 焊条由焊芯和药皮两部分组成,焊芯的作用是_____和_____;药皮的作用是_____、_____和_____。实习中所用的焊条牌号是_____,焊条直径为_____。

(2) 改变氧气与乙炔的混合比例,可得到不同类型的气焊火焰,主要有_____、_____和_____。

(3) 手工电弧焊时,常用的点火方法是_____。

## 2. 画简图表示焊接接头形式(见表 4-1)。

表 4-1  焊接接头形式

| 接头形式 | 名　　称 | | | |
|---|---|---|---|---|
| | 简　图 | | | |

## 3. 简述气焊操作时点火、熄火的操作要领。

# 训练 5　机械加工基础及车削训练

## 1. 填空题。

（1）车削外圆时的主运动是_____,进给运动是_____。

（2）车削外圆时,通过_____传动实现刀架纵向自动走刀。车削螺纹时,则是通过_____传动带动刀架自动走刀,目的是_____。

（3）车削实习中常用的车刀类型有_____、_____、_____和_____等。

（4）常用的刀具材料有_____、_____、_____,实习训练中所使用的车刀材料为_____。

（5）车刀安装时不宜伸出太长,一般刀头伸出不超过刀杆厚度的_____,车刀刀尖应与_____等高。

（6）尾座用于安装_____以顶住工件,还可以安装_____进行钻孔。

（7）在车床上车锥面的方法有_____、_____和_____。

（8）常用的车床附件有_____、_____、_____和_____。

（9）车削加工时,常使用_____测量零件,其测量精度为_____。

（10）车削用量三要素指的是_____、_____和_____。

（11）车床上能够自动定心的夹具是_____。

**2.** 解释下面车床型号中各参数的含义。

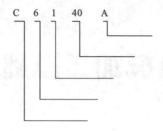

**3.** 标出如图 5-1 所示外圆车刀刀头各部分的名称。

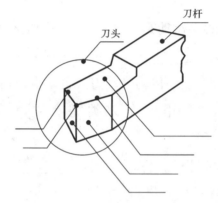

图 5-1　外圆车刀刀头

**4.** 计算车削一直径为 80 mm 的轴的外圆时,车床主轴转速为 400 r/min,这时切削速度(单位:m/s)为多少?

# 训练 6 铣削单元

## 1. 填空题。

（1）铣削加工的主运动是_____,进给运动是_____。

（2）根据铣床主轴形式不同,铣床可分为_____和_____两大类。

（3）顺铣加工时,铣刀旋转切入工件的方向与工件进给方向_____,切削厚度由_____到_____。

（4）按安装方法可将铣刀分为_____和_____。

## 2. 说明图 6-1 中各种铣削加工采用的铣刀类型和铣削对象。

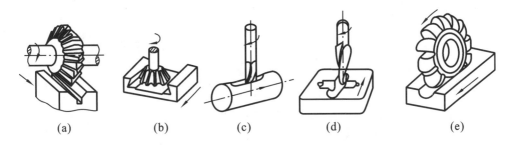

    (a)           (b)           (c)           (d)           (e)

图 6-1　各种铣削加工

**3.** 简述在铣床上铣削斜面的三种方法。

# 训练 **7** 刨 削 *

## 1. 填空题。

（1）在牛头刨床上进行刨削时的主运动是_____,进给运动是_____。

（2）牛头刨床是采用_____机构把电动机的旋转运动变为滑枕的_____运动;而横向水平进给运动则是通过_____机构实现。

（3）在牛头刨床上可以刨削水平面、_____、_____和_____,但不能加工_____。

（4）刨刀的结构和角度与_____刀相似,其截面一般为车刀的_____倍。切削用量较大的刨刀常做成_____。

## 2. 对应图 7-1,简述 T 形槽的刨削过程,并填入表 7-1 中。

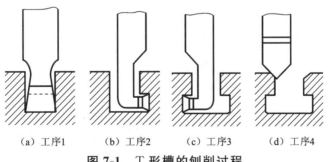

（a）工序1　　（b）工序2　　（c）工序3　　（d）工序4

图 7-1　T 形槽的刨削过程

表 7-1　T 形槽的刨削过程

| 工　序 | 1 | 2 | 3 | 4 |
|---|---|---|---|---|
| 刨刀类型 | | | | |
| 工序内容 | | | | |

# 训练 8  磨削*

## 1. 填空题。

(1) 磨削主要用于零件的_____(粗、精)加工,并且可以加工较_____(硬、软)的材料。

(2) 磨床主要有_____、_____和_____三大类。实习操作的磨床名称是_____,型号是_____,主要用途是_____。

(3) 外圆磨削的主运动是_____,进给运动是_____、_____、_____。

(4) 平面磨床采用_____来固定钢、铸铁等导磁材料制成的中、小型零件。

(5) 砂轮常用的磨料有_____和_____两大类。通常磨削钢件用_____,磨削铸铁件用_____。

(6) 砂轮在使用一段时间后,如果发现砂轮表面堵塞,这时需要进行_____,恢复砂轮的切削能力和外形精度。

(7) 平面磨床采用_____夹紧工件。

(8) 平面磨床的主运动是_____。

**2. 什么是砂轮的自锐性？**

# 训练 9  钳　工

## 1. 填空题。

（1）麻花钻是常用的钻孔工具，其工作部分包括_____和_____。

（2）孔的加工方法通常有_____、_____、_____和_____四种。

（3）对于一般要求不高的螺纹孔，通常采用_____加工。

（4）钳工的基本操作有_____、_____、_____、_____、_____、_____和_____等。

（5）划线可分为_____划线和_____划线两种。

（6）安装锯条时应使锯齿向_____，松紧适中。粗齿锯条适用于锯_____工件，细齿锯条适用于锯_____工件。

（7）锉刀的粗细是按每 10 mm 长度的锉刀面上锉齿的齿数不同，划分为_____、_____和_____三种。

## 2. 简答题。

(1) 常用的划线工具有哪些？实习训练中你使用了哪些工具？

# 训练 10　数控基础及数控车削

## 1. 填空题。

（1）零件数控加工程序的编制方法有_____、_____,对几何形状简单的零件主要采用_____,对形状复杂的零件主要采用_____。

（2）数控机床由_____、_____、_____、_____等部分组成。

（3）数控车床加工操作步骤分为_____、_____、_____、_____四个阶段。

（4）数控车床主要用于_____和_____的回转体零件的加工。

（5）数控车床上的控制面板由_____和_____组成。

（6）数控机床的机床原点是指_____;而工作坐标系是指_____。

## 2. 图 10-1 所示数控加工的运动方式分别属于哪一类？

移动时刀具未加工

（a）　　　　　　　　　　　（b）　　　　　　　　　　　（c）

**图 10-1　数控加工的运动方式**

（a）_____;　（b）_____;　（c）_____

**3. 按伺服控制方式,数控机床分哪几类?图 10-2 所示各为哪一类?**

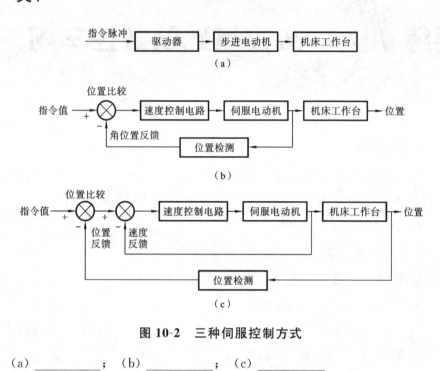

**图 10-2 三种伺服控制方式**

(a) _____; (b) _____; (c) _____

**4. 什么是增量坐标编程和绝对坐标编程？图 10-3 所示各为哪一种方式编程。**

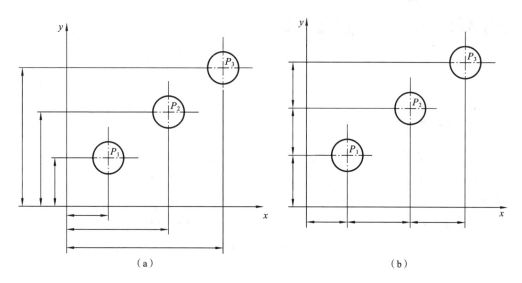

（a）　　　　　　　　　　　（b）

**图 10-3　增量坐标编程和绝对坐标编程**

（a）＿＿＿＿＿＿＿；（b）＿＿＿＿＿＿＿

# 训练11  数控铣削

## 1. 填空题。

(1) 数控铣床常用的刀具有_____、_____及_____。

(2) 铣削平面轮廓曲线工件时,铣刀半径应_____工件轮廓的凹圆半径。

(3) G00指令只能用于_____和_____两种状态下。

(4) 数控系统中的刀具补偿主要用于刀具的_____补偿和_____补偿。

(5) 铣削外轮廓时按顺时针方向移动刀具,考虑半径补偿应使用_____指令(完整格式),铣削内轮廓时按顺时针方向移动刀具,考虑半径补偿应使用_____指令(完整格式),加工完后用_____指令回复正常位置(完整格式)。

## 2. 什么是对刀?工具对刀法中通常采用哪些辅助测量工具?

# 训练 12 电火花及数控线切割

## 1. 填空题。

（1）电火花成形加工时使用的工作液应具有_____性能，一般用_____作为工作液。

（2）电火花成形加工的特点是_____、_____、_____和_____。

（3）线切割加工机床由_____、_____与_____三部分组成。

（4）影响线切割加工切割速度的主要因素有_____、_____、_____。

（5）数控线切割加工的适用范围是_____、_____、_____。

（6）线切割加工时脉冲电源电参数主要有_____、_____、_____、_____。

（7）电火花线切割加工中，被切割的工件接脉冲电源的_____极。

**2.** 实训中电火花线切割机床的型号为 ＿＿＿＿＿＿，在图 12-1 所示加工原理图空白处填写各部件名称。

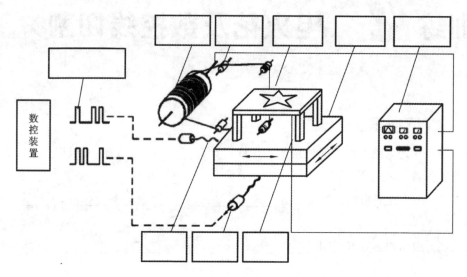

图 12-1　电火花线切割机床

# 训练 B 激光加工 *

## 1. 填空题。

（1）影响激光加工过程的主要工艺参数有_____、_____、_____、_____、_____。

（2）典型的激光加工技术有（请说出至少四种）：_____、_____、_____、_____。

（3）激光加工系统的组成包括_____、_____、_____、_____、_____、_____。

（4）常用激光加工用激光器的类型有_____和_____。

（5）激光打标的主要参数有_____、_____、_____。

（6）激光焊接的方式有_____、_____、_____。

（7）激光雕刻切割木材、亚克力板、皮革和竹制材料应该选择_____（$CO_2$ 激光器/YAG 激光器）。

**2.** 图 13-1 所示为激光打标机的组成,请在空白处填写各部件名称。

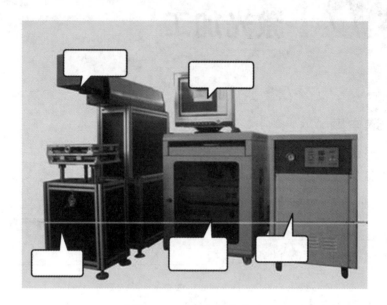

图 13-1　激光打标机

# 训练 14　快速成形*

**1. 填空题。**

（1）快速成形技术是用离散分层的原理制作产品原型的总称，其原理为_____→_____→按离散后的平面几何信息逐层加工堆积原材料→_____。

（2）快速成形制造的方法有_____、_____、_____、_____、_____。

（3）快速成形的全过程可以归纳为以下三个步骤_____、_____、_____。

（4）熔融堆积成形（fused deposition modeling，FDM）系统中使用的熔丝材料种类有_____、_____、_____。

**2. 简答题。**

简述快速成形技术的特点。

# 训练 工程训练的体会、意见和建议

(a) 万能表架

(b) 磁性表架

开关

(c) 普通表架

图 5-16  百分表表架

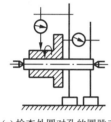
(a) 检查外圆对孔的圆跳动

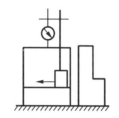
(b) 检查工件两面的平行度

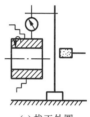
(c) 找正外圆

图 5-17  百分表应用举例

（2）注意事项  放置表架的表面应尽可能平整光洁,面积足够大。百分表在表架上的位置可进行前后、上下调整。测量时百分表测量杆应与被测表面垂直。

## 复习思考题

5-1  试用简图表示下列加工方法的主运动和进给运动：
（1）在车上钻孔;（2）车端面;（3）在钻床上钻孔;（4）在牛头刨床上刨平面;（5）在铣床上铣平面;（6）在外圆磨床上磨外圆;（7）在平面磨床上磨平面。

5-2  简述游标卡尺的使用方法及注意事项。

5-3  试说明百分尺的读数方法和使用注意事项。

5-4  对刀具材料的性能有哪些要求?

# 第6章 车削加工

**学习及实践引导**

......①了解车削加工的工艺特点和应用。

......②了解车床的型号和构造。

......③了解车刀的分类和应用。

......④掌握车床的基本操作技能。

......⑤了解车床附件的使用方法。

车削加工是指在车床上利用车刀或钻头等刀具对工件进行切削加工,将其加工成所需尺寸和形状的加工方法。车削加工是机械加工中最常用的加工方法之一。车削时工件的旋转运动是主运动,刀具的相对运动是进给运动。

车削的加工工艺范围广泛,包括车外圆、车端面、车外锥面、车槽、切断、钻孔、镗孔、加工螺纹、车成形面、滚花等,如图6-1所示。

## 6.1 车 床

车床的种类很多,包括卧式车床、立式车床、转塔车床、自动车床与专用车床等,其中卧式车床的使用最为广泛。

车床的编号采用C××××表示,以C6132为例,其中:C为机床分类号,表示车床类,6表示落地及卧式车床组,1表示卧式车床型,32表示床身上最大回

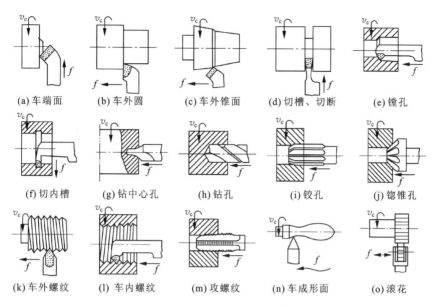

(a) 车端面  (b) 车外圆  (c) 车外锥面  (d) 切槽、切断  (e) 镗孔

(f) 切内槽  (g) 钻中心孔  (h) 钻孔  (i) 铰孔  (j) 锪锥孔

(k) 车外螺纹  (l) 车内螺纹  (m) 攻螺纹  (n) 车成形面  (o) 滚花

**图 6-1 车削加工的工艺范围**

转直径的 1/10,即最大车削直径为 320 mm。

## 6.1.1 C6132 车床

C6132 卧式车床的外形如图 6-2 所示,其主要组成部分如下。

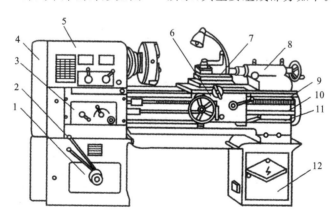

**图 6-2 C6132 车床的外形图**

1—变速箱;2—变速手柄;3—进给箱;4—交换齿轮箱;5—主轴箱;6—溜板箱;
7—刀架;8—尾座;9—丝杠;10—光杠;11—床身;12—床腿

（1）床身　床身是车床的基础部件，用以支承机床各主要部件，并保证其相对位置。床身上有四条平行的导轨，外侧的两条用于溜板的纵向移动，内侧的两条用于尾座的移动和定位。

（2）主轴箱　主轴箱内有多组变速齿轮，通过调整箱外的手柄位置，可以获得不同的主轴转速。主轴为空心结构，以便安装较长的工件，前端有锥孔，可以插入顶尖。还可以在主轴前端安装卡盘或拨盘。

（3）进给箱　进给箱内有多组变速齿轮，通过调整箱外的手柄位置，可以使光杠或丝杠获得不同的转速，改变进给量或螺纹加工的螺距。

（4）光杠　光杠将进给箱的运动传递给溜板箱，并使刀架作纵向或横向运动。

（5）丝杠　丝杠用于车削螺纹。

（6）溜板箱　溜板箱与刀架相连，是进给运动的操纵机构。通过改变手柄位置，可以将光杠传递的运动变为车刀的纵向或横向运动。通过开合螺母，可以将丝杠传递的运动变为车刀的纵向运动。溜板箱内有互锁机构，使光杠和丝杠不能同时使用。

（7）刀架　刀架由床鞍、中滑板、转盘、小滑板和方刀架组成，用于装夹刀具，并可以纵向、横向或斜向进给。

（8）尾座　尾座安装在床身导轨上，可以沿导轨移动并固定在任意位置。尾座可以安装顶尖，用于支承较长的工件，也可以安装钻头、铰刀、丝锥等刀具，进行钻孔、铰孔、攻螺纹等。尾座的横向位置可调整，使尾座上的顶尖中心偏移一定距离，用于车削较长的锥面。

车床的传动如图 6-3 所示，电动机输出的动力经变速箱通过带传动传给主轴箱，更换变速箱和主轴箱的手柄位置可以改变箱内的齿轮组啮合，从而得到不同的主轴转速。主轴通过卡盘带动工件旋转。

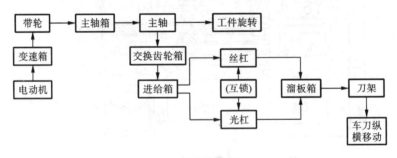

图 6-3　车床的传动图

同时主轴的旋转运动通过交换齿轮箱、进给箱、光杠或丝杠，传给溜板箱，溜板箱带动刀架在床身上做直线进给运动。

## 6.1.2 车床的基本操作

在操作机床前,首先检查机床上各手柄是否处于正确位置,确认后首先进行停车时的练习,主要步骤如下。

(1) 变换主轴转速练习 熟练主轴箱外手柄的变换操作,获得选定的主轴转速。

(2) 变换进给量练习 熟练进给箱外手柄的变换操作,获得选定的进给量。

(3) 纵向和横向手动进给练习 掌握手动进给的操作。

(4) 纵向和横向机动进给练习 掌握机动进给的操作。

(5) 尾座的操作练习 掌握尾座的移动和固定。

(6) 各转盘刻度的练习 熟悉各转盘上刻度的含义,获得选定的移动量。

停车时的练习完成后,进行低速开车练习,主要步骤如下。

(1) 主轴启动 启动→操纵主轴转动→停止主轴转动→停车。

(2) 机动进给 启动→操纵主轴转动→手动纵向、横向进给→机动纵向进给→手动退回→机动横向进给→手动退回→停止主轴转动→停车。

## 6.1.3 自定心(三爪)卡盘安装工件

工件的安装要求定位准确,夹紧可靠。根据工件形状和大小,工件的安装可采用不同方法,如(三爪)自定心卡盘安装、(四爪)单动卡盘安装、花盘安装、顶尖安装和心轴安装。其中自定心卡盘安装是最常用的安装方式,适于安装中小型的轴类和盘类零件。

自定心卡盘的机构如图 6-4 所示。当用卡盘扳手转动小锥齿轮时,与其啮

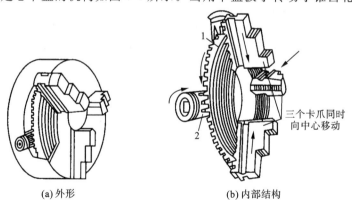

(a) 外形            (b) 内部结构

**图 6-4 爪自定心卡盘**

1—大锥齿轮(背面有平面螺纹);2—小锥齿轮

合的大锥齿轮随之转动,大锥齿轮背面的平面螺纹带动三个卡爪同时作向心或离心移动,以夹紧或松开工件。由于三个卡爪同时移动,因此可实现工件的自动对中。

图6-5所示为使用自定心卡盘安装不同类型工件的方法。

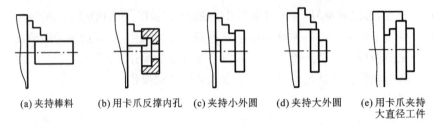

(a) 夹持棒料　　(b) 用卡爪反撑内孔　(c) 夹持小外圆　(d) 夹持大外圆　(e) 用卡爪夹持
　　　　　　　　　　　　　　　　　　　　　　　　　　　　　　　　　大直径工件

**图6-5　自定心卡盘安装工件方式**

## ⚙ 6.2　车　　刀

车刀的种类很多,按照其用途和结构可分为外圆车刀、端面车刀、内孔车刀、切断刀、螺纹车刀和成形车刀,各种用途的车刀如图6-6所示。

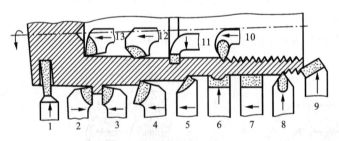

**图6-6　车刀的种类和用途**

1—切断刀;2—左偏刀;3—右偏刀;4—弯头车刀;5—直头车刀;6—成形车刀;7—宽刃精车刀;
8—外螺纹车刀;9—端面车刀;10—内螺纹车刀;11—内槽车刀;12—通孔车刀;13—不通孔车刀

### 🔲 6.2.1　车刀的结构

车刀由刀头和刀体两部分组成,刀头是车刀的切削部分,刀体用于将车刀夹持在刀架上,如图6-7所示。

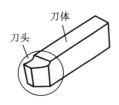

图 6-7　车刀的结构

## 6.2.2　车刀的安装

车刀必须正确地安装在车床刀架上。车刀安装时要求如下。

（1）车刀伸出刀架部分不能太长，否则切削时刀杆刚度减弱，容易产生振动，影响加工质量，一般车刀伸出刀架长度不能超过刀杆厚度的两倍。

（2）车刀刀尖应与车床主轴中心线等高。车刀安装过高，车刀的实际后角减小，车刀后刀面与工件之间的摩擦加剧；车刀安装过低，车刀的实际前角减小，这时车端面时切削不完整，工件中心留有小凸台。

（3）车刀刀杆与车床主轴垂直。

（4）调整车刀时，车刀下面的垫片要平整、整洁，垫片的数量不宜太多，尽量用厚垫片。

# 6.3　车外圆、端面和台阶

## 6.3.1　车外圆

常用的车外圆方法和车刀如图 6-8 所示。直头车刀用于粗车无台阶的外圆，也可倒角。45°弯头车刀可用于车外圆、端面和倒角。90°偏刀可用于车削有台阶的外圆，同时由于切削时径向切削分力较小，不会将工件顶弯，还可用于车

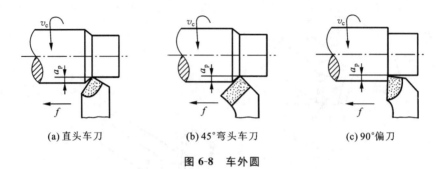

(a) 直头车刀　　　　　　(b) 45°弯头车刀　　　　　　(c) 90°偏刀

图 6-8　车外圆

细长轴。

车外圆时的注意事项如下。

(1) 车削时必须及时清除切屑,以免发生事故,清除切屑时必须停车进行。

(2) 车削时,根据工件加工精度要求不同,每次切削的加工余量不同,可分为粗车和精车。粗车时,加工余量大,切削力大,一般选择直头车刀或弯头车刀。精车时,必须选择合适的切削用量,以获得要求的尺寸精度和表面粗糙度,切削深度取 0.1~0.2 mm。

(3) 车外圆时,主轴转速 $n$(r/min) 根据所选的切削速度 $v$(m/min) 进行计算,计算方法为

$$n = \frac{1000 \times v}{\pi D}$$

式中:$D$——工件毛坯直径(mm)。

(4) 车外圆时,进给量根据工件加工要求确定。粗车时,进给量可取 0.2~0.3 mm/r,精车时根据零件表面粗糙度要求,进给量取 0.06~0.15 mm/r。

### 6.3.2　车端面

常用的车端面方法和车刀如图 6-9 所示。采用弯头车刀车端面时,主切削刃切削,中心凸台逐渐去除,切削条件好,不易损坏刀尖。采用右偏刀由外向内切削端面,车到中心时,凸台突然车掉,容易损坏刀尖,切深过大时还会扎刀,因此切近中心时需减慢进给速度。采用右偏刀由中心向外车端面时,切削条件好,不会出现前面的问题。当零件结构无法采用右偏刀时,可采用左偏刀车端面。

### 6.3.3　车台阶

车台阶的方法与车外圆基本相同。车台阶的注意事项如下(见图 6-10)。

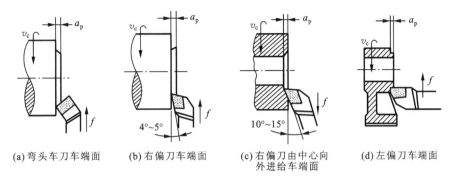

(a) 弯头车刀车端面　　(b) 右偏刀车端面　　(c) 右偏刀由中心向　　(d) 左偏刀车端面
　　　　　　　　　　　　　　　　　　　　　　外进给车端面

图 6-9　车端面

（1）车台阶时需选用 90°偏刀。

（2）车高度＜5 mm 的低台阶时，可使 90°偏刀的主切削刃与工件轴线垂直，在车外圆的同时一次车出。

（3）车高度≥5 mm 的高台阶时，90°偏刀的主切削刃与工件轴线约为 95°，分层切出台阶。并且在最后一次纵向走刀后，车刀横向退出，修光台阶端面。

（4）为了保证台阶的长度尺寸，可以直接移动大拖板用刀尖在工件上划出线痕，或用卡钳划线。

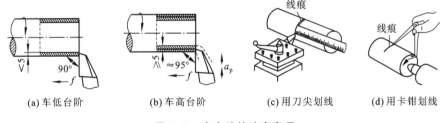

(a) 车低台阶　　　(b) 车高台阶　　　(c) 用刀尖划线　　(d) 用卡钳划线

图 6-10　车台阶的注意事项

# 6.4　车槽、切断、车成形面和滚花

## 6.4.1　车槽

车槽指在工件表面车削沟槽，分为车外槽、车内槽和车端面槽，如图 6-11 所示。车内槽和外槽时,刀具横向进给。车端面槽时,刀具纵向进给。

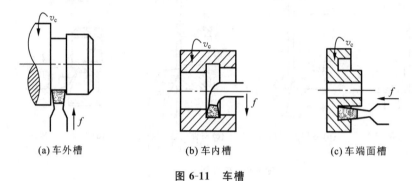

(a) 车外槽　　　　　(b) 车内槽　　　　　(c) 车端面槽

图 6-11　车槽

当槽宽<5 mm 时,可使用主切削刃与槽宽相等的车槽刀一次车出。当槽宽≥5 mm 时,应沿纵向分多次车出,最后精车槽的两侧和底面,如图 6-12 所示。车槽时进给量要尽量小,并且均匀连续进给。

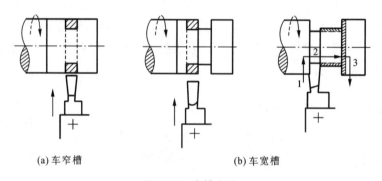

(a) 车窄槽　　　　　　　　　　(b) 车宽槽

图 6-12　车槽方法

## 6.4.2　切断

切断指将工件分成两段的车削方法。切断刀与切槽刀相似,但刀头窄而长,刀具强度低,同时切断时刀头伸入工件内部,散热条件差,排屑困难,因此切削时易折断。切断刀可以用来切槽,但不能用切槽刀进行切断。

切断刀安装时必须与工件轴线垂直,刀尖与工件端面中心等高,以防止打刀和切断后端面残留凸台。切断刀安装过低时,不易切削;而切断刀安装过高,刀具后刀面顶住工件,刀头易被压断。如图 6-13 所示。

切断时一般采用直进法,即工件逆时针旋转,刀具横向进给。而当机床刚度不好时,可采用左右借刀法分段切削,如图 6-14 所示。

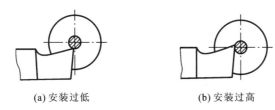

(a) 安装过低　　　　　　　(b) 安装过高

**图 6-13　切断刀刀尖与工件轴线等高**

此外,还要注意进给缓慢均匀,切断钢件时需要加切削液进行冷却润滑。

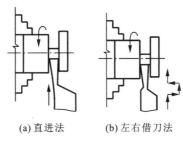

(a) 直进法　　　　　(b) 左右借刀法

**图 6-14　切断方法**

### 6.4.3　滚花

为了增加摩擦和美观,常常在某些工具和零件的手握部分滚出不同的花纹,如扳手、锤子等手柄的花纹。这些花纹一般是在车床上用滚花刀滚压而成,如图 6-15 所示。

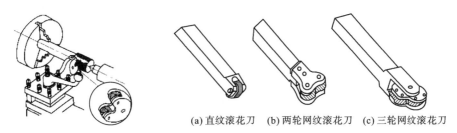

(a) 直纹滚花刀　(b) 两轮网纹滚花刀　(c) 三轮网纹滚花刀

**图 6-15　滚花**　　　　　　　**图 6-16　滚花刀**

滚花是通过滚花刀挤压工件表面,产生塑性变形而形成凹凸不平的花纹。滚花时的径向力很大,加工时工件转速不能过高,并且要充分润滑,防止乱纹。滚花刀有直纹和网纹两种,如图 6-16 所示。

# ⚙ 6.5 车 锥 面

车锥面的方法主要有转动小刀架法、偏置尾座法、靠模法和宽刀法,这里只介绍前两种方法。

## 6.5.1 转动小刀架法

锥面不太长时,也可转动小刀架车锥面。将小刀架下面转盘上的螺母松开,转至所需圆锥半角 $\alpha/2$ 的刻线上,与基准零线对齐,固定转盘后,摇动小刀架手柄车锥面,如图 6-17(a)所示。

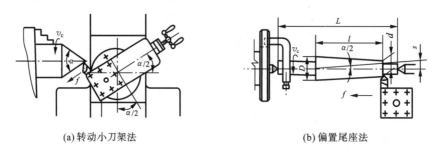

(a)转动小刀架法          (b)偏置尾座法

图 6-17  车锥面

## 6.5.2 偏置尾座法

当车削锥面的锥度小且锥面较长时,可以采用偏置尾座的方法。将尾座上滑板横向偏移一个距离,使安装工件用的两个顶尖连线与原中心线成工件圆锥半角 $\alpha/2$,自动纵向走刀切削出锥面,如图 6-17(b)所示。

# ⚙ 6.6 孔 加 工

在车床上可以用钻头、扩孔钻、铰刀和镗刀进行钻孔、扩孔、铰孔和镗孔加工。这里只介绍钻孔和镗孔的加工方法。

### 6.6.1　钻孔

在车床上利用钻头进行钻孔时,工件安装在卡盘上随主轴旋转,钻头安装在尾座套筒的锥孔内,摇动尾座手轮使钻头缓慢进给,如图 6-18 所示。这与在钻床上钻孔不同,在钻床上钻孔时工件固定不动,钻头旋转并沿轴向进给。

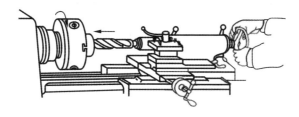

图 6-18　在车床上钻孔

钻孔时通常使用麻花钻。麻花钻由柄部、颈部和工作部分组成。根据柄部的不同,分为锥柄和直柄两种,如图 6-19 所示。锥柄麻花钻可以直接安装在尾座套筒的锥孔内,直柄麻花钻需要通过钻夹头再装入尾座套筒的锥孔内。

钻孔前先将工件端面车平,并用中心钻钻出中心孔,防止钻孔时钻偏。注意经常退出钻头,以便排屑。钻孔时不能进给过快,钻钢件时要加切削液。

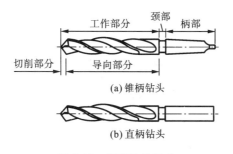

图 6-19　麻花钻的组成

### 6.6.2　镗孔

在车床上可以利用镗刀对已经钻出的孔进行加工,扩大孔的直径。镗孔分为镗通孔和镗不通孔,如图 6-20 所示。镗通孔与车外圆基本相似,只是镗刀的主偏角小于 90°。镗不通孔时,镗刀主偏角大于 90°,并且镗至孔深时需要横向加工内端面,以保证内端面与孔的垂直度。

镗孔时由于刀杆刚度不足,因此比车外圆和端面困难。镗孔时应尽量选择粗刀杆的镗刀,易增加刚度,避免刀杆变形,并且切削用量一般取得较小。

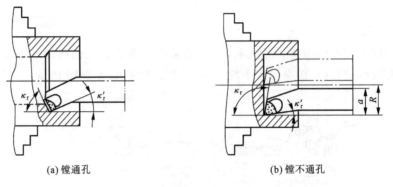

(a) 镗通孔　　　　　　　　　　　　(b) 镗不通孔

图 6-20　镗孔

# 6.7　车　螺　纹

螺纹是最常用的连接和传动方式,种类很多。按照螺纹的牙型,可分为三角螺纹、方牙螺纹和梯形螺纹,如图 6-21 所示。其中三角普通螺纹应用最为广泛。

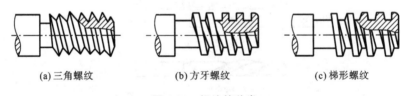

(a) 三角螺纹　　　　　　　(b) 方牙螺纹　　　　　　　(c) 梯形螺纹

图 6-21　螺纹的种类

## 6.7.1　螺纹的基本要素

三角普通螺纹的基本牙型如图 6-22 所示。牙型角 $\alpha$、螺距 $P$ 和螺纹中径 $D_2(d_2)$ 是螺纹的三个基本要素。

(1) 牙型角 $\alpha$　螺纹轴向剖面上相邻两牙侧面的夹角。普通螺纹 $\alpha=60°$,管螺纹 $\alpha=55°$。

(2) 螺距 $P$　沿螺纹轴线方向上相邻两牙间对应点的距离。普通螺纹的螺距以"mm"为单位,管螺纹的螺距用 25.4 mm 上的牙数 $n$ 表示。

（3）螺纹大径 $D(d)$　内(外)螺纹的公称直径。其公称位置在等边三角形上部 $H/8$ 削平处。

（4）螺纹中径 $D_2(d_2)$　使螺纹牙宽与牙槽宽相等的假想圆柱体的直径。其公称位置在等边三角形高的 $H/2$ 处。

（5）螺纹小径 $D_1(d_1)$　与内螺纹牙顶或外螺纹槽底相连的圆柱体直径。其公称位置在等边三角形下部 $H/4$ 削平处。

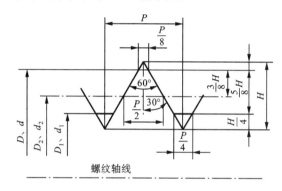

**图 6-22　三角普通螺纹的基本牙型**

$d$—外螺纹大径(公称直径);$D$—内螺纹大径(公称直径);$P$—螺距;$H$—原始三角形高度;

$d_1$—外螺纹小径;$D_1$—内螺纹小径;$d_2$—外螺纹中径;$D_2$—内螺纹中径

## 6.7.2　车螺纹的方法与步骤

### 1. 准备螺纹车刀

螺纹车刀的刀尖角必须与螺纹牙型角相等,车三角普通螺纹时螺纹车刀的刀尖角等于 60°,精车螺纹时的前角必须等于 0°,并且刀具切削刃的形状于螺纹截面形状相同。

螺纹车刀安装时需用样板对刀,以保证刀尖与工件轴线等高,且刀尖角的角平分线与工件轴线垂直,如图 6-23 所示。

### 2. 调整车床

根据待切削螺纹的螺距大小查找机床铭牌的相应数据,选定进给箱手柄位置,并合上开合螺母改由丝杠传动,保证工件旋转一周,车刀纵向移动一个螺距。

### 3. 车螺纹的方法与步骤

车外螺纹的方法与步骤如图 6-24 所示。

① 开车,使车刀与工件轻微接触,记下刻度盘读数,向右退出车刀(见图

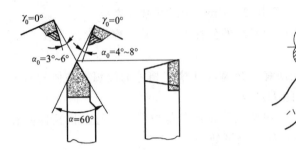

**图 6-23　螺纹车刀的形状与对刀**

6-24(a)）。② 合上开合螺母，在工件表面上车出一条螺旋线，横向退出车刀，停车（见图 6-24(b)）。③ 开反车使刀具退到工件右端，停车，用钢直尺检查螺距是否正确（见图 6-24(c)）。④ 利用刻度盘调整切深，开车切削（见图 6-24(d)）。⑤ 车刀将行到终了时，应做好退刀停车准备，先快速退出车刀，然后停车，再开反车退回刀架（见图 6-24(e)）。⑥ 再次横向进刀，继续切削（见图 6-24(f)）。

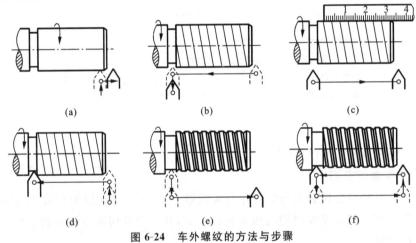

**图 6-24　车外螺纹的方法与步骤**

### 6.7.3　螺纹车削注意事项

（1）车螺纹前，检查开合螺母是否合上。

（2）防止在车螺纹过程中，由于车刀与工件的相对位置发生变化而发生"乱扣"。注意车螺纹过程中不能打开开合螺母，如果工件需要重新装夹或中途换刀，应重新对刀。

（3）螺纹如果无退刀槽，注意在车至螺纹末端时退刀要均匀。

（4）调整换向机构手柄，可改变丝杠旋转方向，车削左旋或右旋螺纹。

# 6.8 典型零件车削工艺简介

　　轴类零件中,对于外圆直径相差不大或要求不高的台阶轴,一般采用圆形棒料;对于外圆直径相差较大的台阶轴,可以采用锻件以节省材料。

　　对于精度要求不高的轴类零件,加工顺序一般为:粗车→调质→精车。如果加工精度要求较高,还需要磨削。

　　以图 6-25、图 6-26 所示零件为例,其加工工艺如表 6-1、表 6-2 所示。

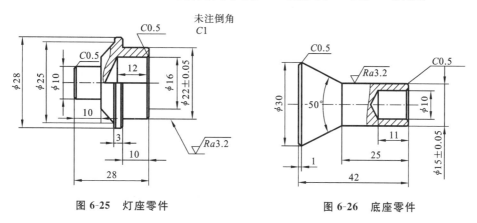

图 6-25　灯座零件　　　　　　　　　图 6-26　底座零件

表 6-1　灯座车削加工工艺

| 序号 | 加工内容 | 加工简图 | 刀　具 |
|---|---|---|---|
| 1 | 用自定心卡盘夹持工件,伸出 50 mm | 30 / 50 | — |
| 2 | 车端面 | 30 / 50 | 45°弯头车刀 |

续表

| 序号 | 加工内容 | 加工简图 | 刀具 |
|---|---|---|---|
| 3 | 粗车外圆至 $\phi28$,轴向尺寸 30 mm;粗车外圆至 $\phi22$,轴向尺寸 10 mm | 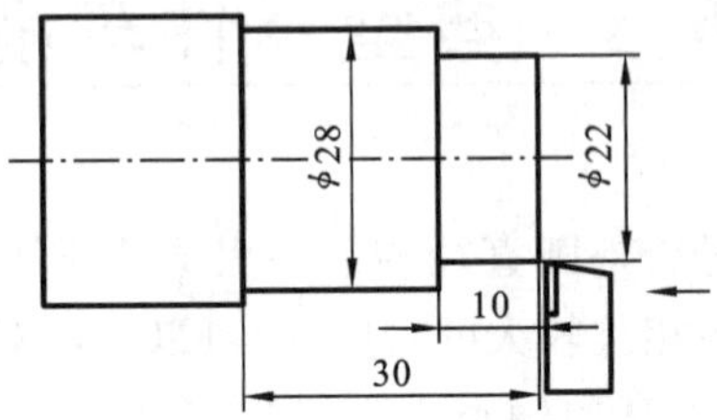 | 90°偏刀 |
| 4 | 钻中心孔; 钻 $\phi16$ 孔,保证孔长 10 mm | 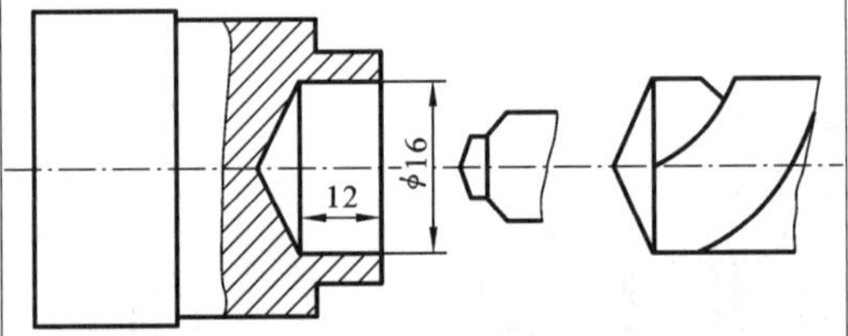 | 中心钻、麻花钻 |
| 5 | 外圆 $\phi22$、$\phi28$、内孔 $\phi16$ 三处倒角;在距端面 29 mm 处切断工件 | 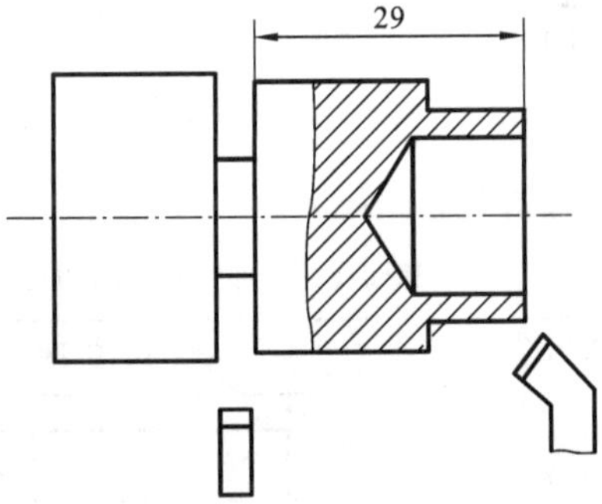 | 45°弯头车刀、切断刀 |
| 6 | 工件掉头装夹,车端面,保证总长 28 mm | 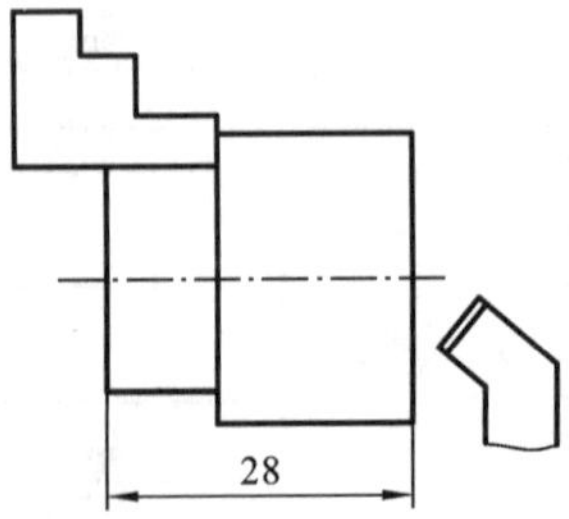 | 45°弯头车刀 |

续表

| 序号 | 加工内容 | 加工简图 | 刀具 |
|---|---|---|---|
| 7 | 粗车外圆至 $\phi$25,轴向尺寸15 mm;粗车外圆至 $\phi$10,轴向尺寸10 mm | 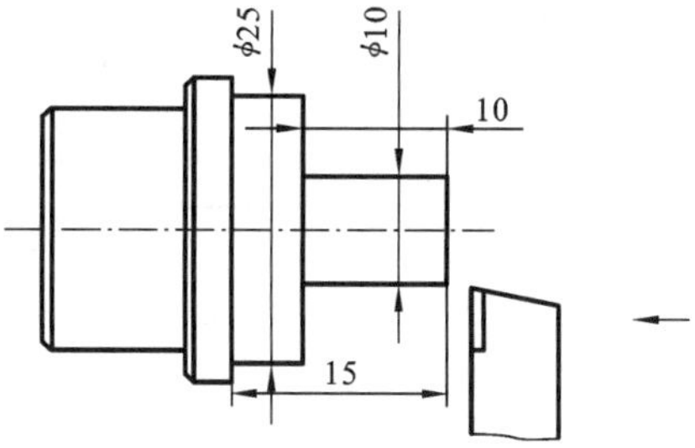 | 90°偏刀 |
| 8 | 在 $\phi$25 处加工45°圆锥表面,保证小头直径 $\phi$15;外圆 $\phi$10, $\phi$28 两处 C0.5 倒角 | 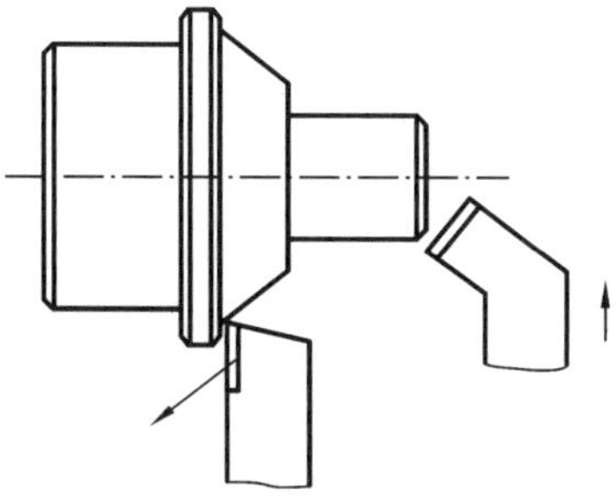 | 90°偏刀、45°弯头车刀 |
| 9 | 检验 | — | — |

表 6-2　底座车削加工工艺

| 序号 | 加工内容 | 加工简图 | 刀具 |
|---|---|---|---|
| 1 | 用自定心卡盘夹持工件,伸出60 mm | 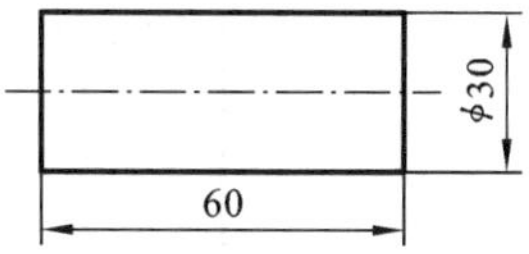 | — |
| 2 | 车端面 | 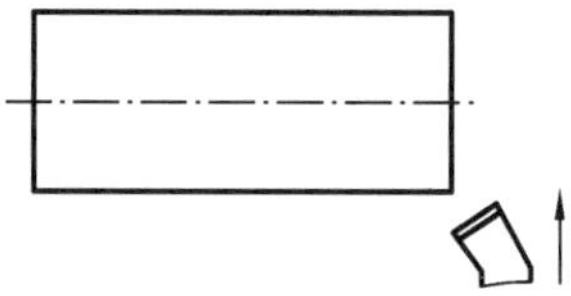 | 45°弯头车刀 |

续表

| 序号 | 加工内容 | 加工简图 | 刀 具 |
|---|---|---|---|
| 3 | 粗车外圆至 $\phi$15，轴向尺寸 25 mm | 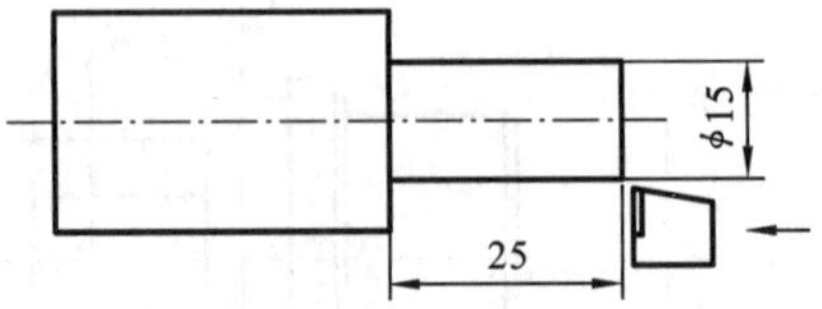 $\phi$15　25 | 90°偏刀 |
| 4 | 钻中心孔，钻$\phi$10孔，保证孔长 11 mm | 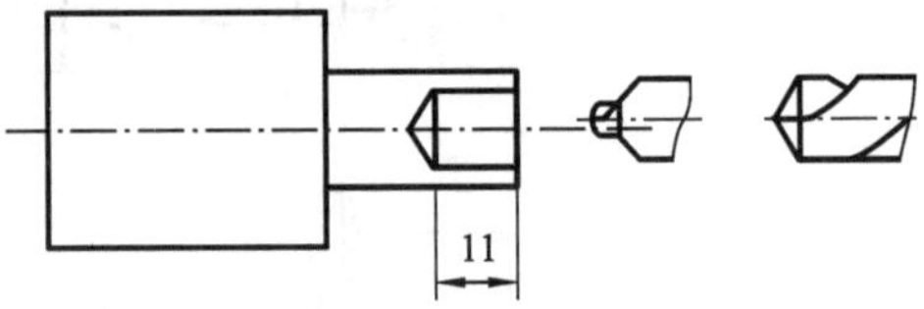 11 | 中心钻、麻花钻 |
| 5 | 加工 50°圆锥表面 | 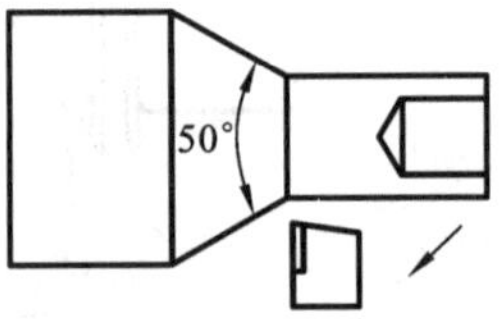 50° | 90°偏刀 |
| 6 | $\phi$15 外圆，$\phi$10 内孔做 C0.5 倒角 | 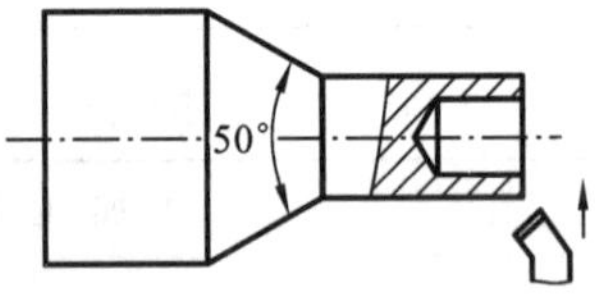 50° | 45°弯头车刀 |
| 7 | 切断，轴向长度 43 mm | 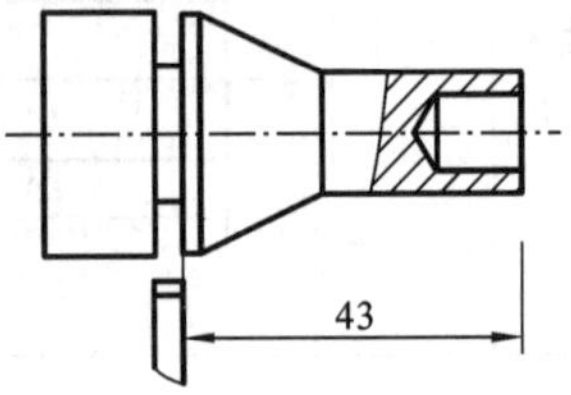 43 | 切断刀 |
| 8 | 工件掉头装夹，车端面，保证总长 42 mm | 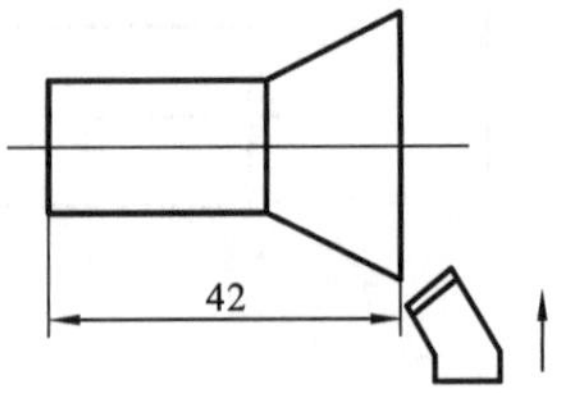 42 | 45°弯头车刀 |

续表

| 序号 | 加工内容 | 加工简图 | 刀 具 |
|---|---|---|---|
| 9 | $\phi30$ 处倒角 C0.5 | | 45°弯头车刀 |
| 10 | 检验 | — | — |

## 复习思考题

6-1 车削所能加工的典型表面有哪些？分别使用哪种刀具？

6-2 普通车床由哪些部分组成？每部分的作用是什么？

6-3 光杠和丝杠的作用是什么？

6-4 车刀的结构有哪几种形式？

6-5 车刀安装时应注意什么？

6-6 车削外圆、车削端面和钻孔时,工件和刀具分别完成哪种运动？

6-7 车削时为何要对刀？应如何操作？

6-8 车槽刀与切断刀的区别是什么？

6-9 在车床上车成形面有哪些方法？

6-10 在车床上加工锥面有哪几种方法？

6-11 在车床上加工孔的方法有哪些？分别使用哪种刀具？

6-12 在车床上钻孔和在钻床上钻孔的区别有哪些？

6-13 镗孔与车外圆的区别有哪些？

6-14 决定螺纹的三个基本要素是什么？

6-15 螺纹车刀与外圆车刀有哪些区别？安装时要注意什么问题？

6-16 如何防止车削螺纹时发生乱扣？

6-17 常用的车床附件有哪些？它们分别用在哪些场合？

6-18 制订零件车削工艺时为何一般先车端面？

# 第 7 章 铣削加工

**学习及实践引导**

······① 了解铣削加工工艺及应用。

······② 了解铣床的结构和组成。

······③ 了解铣刀的分类及参数。

······④ 掌握分度头的使用方法。

······⑤ 掌握铣床的基本操作技能。

## 7.1 概 述

铣削加工是指在铣床上用铣刀切削工件的工艺方法。铣削的主运动是刀具的旋转运动,进给运动为工件相对铣刀的运动。铣削主要用来加工平面、台阶面、沟槽、成形面、齿面及切断加工,也可以加工孔。铣刀是由多个刀刃组合而成的,因此铣削是非连续的切削过程。

一般情况下,铣削属于粗加工和半精加工,可以达到的精度为 IT9~IT7 级,表面粗糙度 $Ra$ 为 6.3~1.6 μm。

# 7.2 铣 床

铣床是一种用途很广泛的机床,其种类很多,如卧式铣床、立式铣床、龙门铣床、工具铣床,此外还有仿形铣床、仪表铣床和各种专门化铣床。常用的有卧式铣床和立式铣床。

## 7.2.1 卧式铣床

卧式铣床的主轴线与工作台台面是平行的,即刀具的回转中心与工作台平行。图 7-1 所示为 X6132 卧式万能升降台铣床,其工作台可沿纵向、横向和垂直方向移动,并可在水平面内回转一定的角度,以适应不同铣削加工的需要,加工范围广。

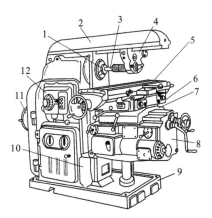

**图 7-1 X6132 型卧式万能升降台铣床**

1—刀轴支架;2—刀杆;3—悬梁;4—主轴;5—主轴变速机构;6—电动机;

7—床身;8—升降台;9—横向工作台;10—回转台;11—纵向工作台;12—底座

卧式万能升降台铣床可加工平面、沟槽、多齿零件等,是目前应用最广泛的铣床。

## 7.2.2 立式铣床

立式铣床其刀具旋转线与工作台相垂直。有时根据加工需要,可以将立式铣床的主轴偏转一定的角度(≤±45°)。立式铣床工作台结构与万能卧式铣床基本相同。立式床身装在底座上,床身上装有变速箱,滑动立铣头可升降,它的工作台安装在升降台上,可作 $X$ 方向的纵向运动和 $Y$ 方向的横向运动,升降台还可作 $Z$ 方向的垂直运动(见图 7-2)。

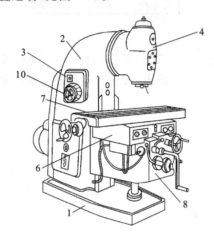

**图 7-2　立式升降台铣床**(X5030)

1—底座;2—床身;3—变速箱;4—立铣头;5—主轴;6—横向工作台;7—纵向工作台;8—升降台

立式铣床的刚度高,减振性好,可以采用较大的铣削用量,加工时观察、调整铣刀位置方便,又便于装夹硬质合金端铣刀进行高速铣削。立式铣床可以加工平面、各类沟槽等,应用广泛。

# 7.3　铣刀及其安装

铣刀是多刃刀具,可把它看成是由多把简单刀具(切刀)组合而成的,切削刃分布在整个圆周上,铣削时刀具每转一圈,铣刀上的每一个刀刃只参加一次铣削。其余时间不参与铣削,使刀齿有充分的散热机会,提高了耐用度,加之多刀齿切削,铣削的效率高,但是制造较困难,成本较高。

## 7.3.1　铣刀分类

铣刀的种类很多,大多数铣刀已经标准化,按其不同特点可有不同的分类方法。按安装方法分为带孔铣刀(见图 7-3(a)至图 7-3(h))和带柄铣刀(见图 7-3(i)至图 7-3(m))两类。按用途分有圆柱形铣刀、面铣刀、立铣刀、三面刃铣刀、角度铣刀、锯片铣刀、键槽铣刀、燕尾槽铣刀、T 形槽铣刀和各种成形铣刀等。

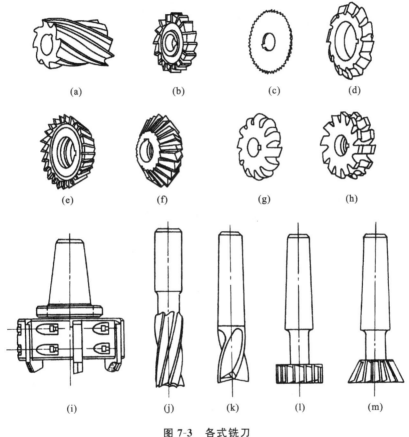

(a)　　　　(b)　　　　(c)　　　　(d)

(e)　　　　(f)　　　　(g)　　　　(h)

(i)　　　　(j)　　　　(k)　　　　(l)　　　　(m)

图 7-3　各式铣刀

## 7.3.2　铣刀的安装

铣刀的安装方法正确与否决定了铣刀的运动精度,并直接影响铣削质量和铣刀的使用寿命。铣刀的安装方式主要由铣刀的类型、使用的机床及工件铣削的部位决定。

### 1. 带孔铣刀的安装

如图 7-4 所示,带孔铣刀通常用内孔与端面在芯轴和铣床主轴上定位,刀具装在刀杆上,由垫圈定位,用螺母夹紧。

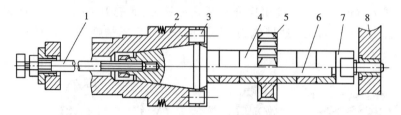

图 7-4　带孔铣刀的安装

1—拉杆;2—主轴;3—端面键;4—套筒;5—铣刀;6—刀杆;7—螺母;8—吊架

**2. 带柄铣刀的安装**

如图 7-5 所示,带柄铣刀常用刀柄直接或通过中间套或刀夹头与机床主轴相连接。直柄刀具用弹簧夹头装夹,锥柄刀具用过渡套直接装在主轴锥孔内,并用拉杆拉紧。

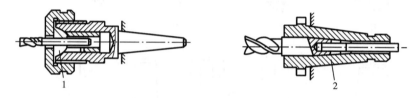

图 7-5　带柄铣刀的装夹

1—弹簧套;2—过渡套

铣刀安装注意事项如下。

(1)安装刀具前,必须清理干净有关表面。

(2)安装卧铣刀,铣刀尽量靠近主轴或轴承处,防止刀杆弯曲。

(3)所用垫圈两端必须平行。

(4)紧固刀杆螺母时,先装上支架,然后紧固,防止刀杆弯曲。

# 7.4　分　度　头

分度头是铣床的精密附件之一,生产中以万能分度头最常用。

**1. 万能分度头的结构**

万能分度头的结构如图 7-6 所示。

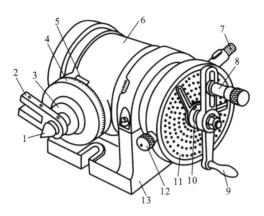

**图 7-6　万能分度头**

1—前顶尖;2—拨盘;3—主轴;4—刻度盘;5—游标;6—回转体;7—挂轮轴;

8—定位销;9—手柄;10—分度叉;11—分度盘;12—锁紧螺钉;13—底座

### 2. 分度盘

如图 7-7 所示,FW125 型万能分度头备有三
块分度盘,每块分度盘有 8 圈孔,孔数分别为:

第一块　16,24,30,36,41,47,57,59;

第二块　23,25,28,33,39,43,51,61;

第三块　22,27,29,31,37,49,53,63。

利用分度盘可以对不是整转数的工件进行
分度工作。

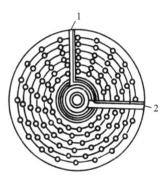

### 3. 万能分度头分度方法

简单分度是分度中最常用的一种方法。分
度时,用锁紧螺钉将分度盘的位置固定。通过转

**图 7-7　分度盘示意图**

1,2—分度叉

动分度手柄,使主轴和工件一起转动达到所需的等分数或度数。

分度头手柄的转数与工件等分数的计算公式为

$$n=\frac{40}{Z}\ (\mathrm{r})$$

式中:$n$——分度手柄转数,r;

$Z$——工件等分数。

例 **7-1**　在 FW125 型万能分度头上用三面刃铣刀铣削六角形螺母,求每铣
完六角形螺母一边后分度手柄应转多少圈?

$$n=\frac{40}{Z}=\frac{40}{6}=6\ \frac{2}{3}=6\ \frac{22}{33}\ (\mathrm{r})$$

即铣削完一边后,铣削下一边时,分度手柄应转 6 圈后,在 33 孔的孔圈上再转 22 个孔距。

# 7.5 典型表面铣削

## 7.5.1 铣平面

铣平面既可以在卧式铣床上用圆柱铣刀加工水平面,用端铣刀加工垂直平面;也可以在立式铣床上用端铣刀加工水平面,用立铣刀加工垂直面。

**1. 周铣和端铣**

(1)周铣 在卧式铣床上用圆柱铣刀圆周上的切削刃进行铣削的方式称为周铣。圆柱铣刀的圆柱度直接影响铣削平面的平面度(见图 7-8(a))。

圆柱铣刀分为直齿和螺旋齿两种,由于直齿切削每次只有一个齿进行切削,不如螺旋齿切削平稳,因而多用螺旋齿圆柱铣刀铣削平面。圆柱铣刀在选用时应注意铣刀的宽度要大于所铣平面的宽度;螺旋齿圆柱铣刀的螺旋线方向应使铣削时产生的轴向切削力指向主轴承方向。

(2)端铣 在立式铣床上用端铣刀端面上的切削刃进行铣削的方式称为端铣。铣床主轴轴线与进给方向的垂直度直接影响铣削平面的平面度(见图 7-8(b))。

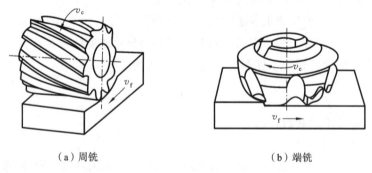

(a)周铣 (b)端铣

**图 7-8 铣削方式**

用端铣刀铣平面与用圆柱铣刀铣平面相比,其切削厚度变化较小,同时参与切削的刀齿较多,切削较平稳;端铣刀的主切削刃担负着主要的切削,而副切削刃具有修光的作用,表面加工质量较好;另外端铣刀易于镶装硬质合金刀齿,刀杆比圆柱铣刀的刀杆短,刚度较高,能减少加工中的振动,提高加工质量,因此广泛地用于铣削平面。

**2. 顺铣和逆铣**

卧铣时,平面是由铣刀的外圆面上的刀刃的铣削而形成的。按照铣削时主运动速度方向与工件进给方向的相同或相反,又分为顺铣和逆铣。

(1)逆铣法(见图 7-9(a)) 铣削过程中铣刀对工件的作用力在进给方向上的分力与工件进给方向相同的铣削方式。铣削力总是上抬工件,是造成振动的因素,工作中工作台丝杠始终压向螺母(见图 7-9(c)),不会造成工作台"窜动"。

(2)顺铣法(见图 7-9(b)) 铣削过程中铣刀对工件的作用力在进给方向上的分力与工件进给方向相同的铣削方式。铣削力的水平分力与工件的进给方向相同,铣削力总是将工件压向工作台,不易生成振动,由于工作台丝杠与螺母有间隙(见图 7-9(d)),但会造成工作台的"窜动",甚至造成"打刀"。

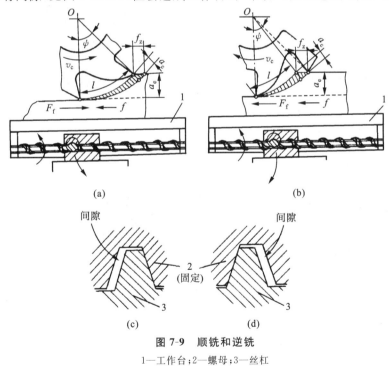

**图 7-9 顺铣和逆铣**

1—工作台;2—螺母;3—丝杠

顺铣法在提高刀具耐用度,工件表面质量,稳定工件、减少振动等方面有优势;而实际生产中综合考虑还是应用逆铣法较多。在加工不易夹紧和长而薄的工件或铣削力在水平方向的分力小于工作台与导轨之间的摩擦力时,宜采用顺铣。

### 7.5.2 铣斜面

铣斜面实质上也是铣削平面。在铣床上铣斜面的方法有:工件倾斜铣削、铣刀倾斜铣削和用角度铣刀铣削等。

**1. 工件倾斜铣削斜面**

(1)用倾斜垫铁或专用夹具装夹工件铣斜面　分别如图 7-10 和图 7-11 所示。在工件基准面下垫一块与工件斜面角度相同的倾斜垫铁,即可铣出所需要的斜面。此法适用在单件或小批量生产中。对成批或大批量生产,应采用专用夹具来铣斜面,可达到优质高效。

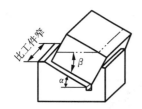

图 7-10　用倾斜垫铁铣斜面

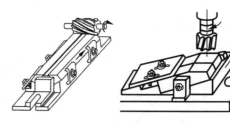

图 7-11　用专用夹具铣斜面

(2)利用可倾斜夹具铣斜面　利用分度头将工件调转至所要铣削的平面位置,如图 7-12 所示。对于小型工件的斜面,一般都采用按划线用平口钳装夹工件铣削斜面,如图 7-13 所示。

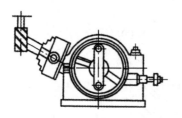
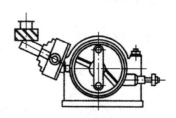

图 7-12　用分度头铣斜面

**2. 铣刀倾斜铣斜面**

在立铣头能回转的立式铣床上或装有立铣头的卧式铣床上,将立铣头扳转一定角度,使铣刀倾斜进行加工,如图 7-14 所示。

**3. 用角度铣刀铣斜面**

角度铣刀就是切削刃与轴心线成某一角度的铣刀。宽度较窄的斜面可用

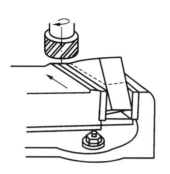

图 7-13 按划线用平口钳装夹工件铣削斜面

图 7-14 用立铣头铣斜面

角度铣刀铣削,当工件上有多个不平行斜面时,也可以将多把铣刀组合起来进行铣削,如图 7-15 所示。铣削斜面的倾斜角由角度铣刀的角度保证。由于角度铣刀的刀齿强度低,刀齿较密,不易排屑,应选用较小的铣削用量。

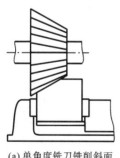 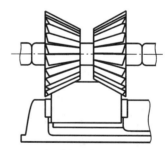

(a) 单角度铣刀铣削斜面      (b) 组合角度铣刀铣削斜面

图 7-15 用角度铣刀铣削斜面

### 7.5.3 铣台阶

台阶一般由平行面和垂直面组合而成,台阶各平面与其他零件表面相配合时,其尺寸精度、形状精度、位置精度和表面粗糙度有较高要求。具体加工方法如下。

### 1. 用三面刃铣刀铣台阶

用三面刃铣刀铣削台阶时,一般可在卧式铣床上进行,如图 7-16 所示。对于零件两侧对称的台阶,用两把铣刀联合加工,对控制尺寸精度和提高效率有益,如图 7-17 所示。

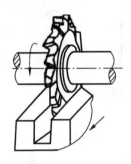
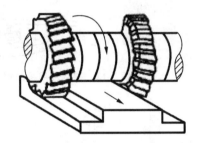

图 7-16　用三面刃铣刀铣台阶　　　　图 7-17　用组合铣刀铣台阶

### 2. 用立铣刀铣台阶

此法适用于加工垂直平面大于水平面的台阶,如图 7-18 所示。由于立铣刀径向尺寸小,刚度及强度较低,铣削中受径向力作用易"让刀",因而铣削用量不能过大;否则,会影响加工质量,铣刀易折断。

### 3. 用端铣刀铣台阶

此法适用于加工宽度较大,深度较浅的台阶。如图 7-19 所示。由于铣刀直径大,长度短,可选较大铣削量,以提高加工效率。

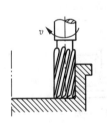
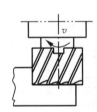

图 7-18　用立铣刀铣台阶　　　　图 7-19　用端铣刀铣台阶

### 7.5.4　铣沟槽

在铣床上能加工的沟槽种类很多,如直角槽、V 形槽、燕尾槽、T 形槽、圆弧槽和各种键槽。

### 1. 铣直槽

直角沟槽的形式有敞开式、封闭式和半封闭式三种。敞开式直角沟槽用三面刃铣刀加工,如图 7-20(a)所示;封闭和半封闭式直角沟槽用立铣刀铣削,分别如图 7-20(b)和图 7-20 (c)所示。

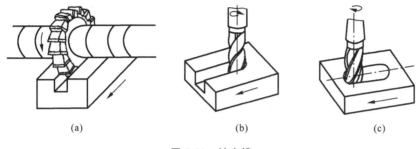

(a)　　　　　　　　　(b)　　　　　　　　　(c)

图 7-20　铣直槽

**2. 铣 V 形槽**

V 形槽常用于机床导轨、夹具上工件定位的机械结构,由 V 形槽与窄槽两部分构成。通常应先铣出窄槽,然后再铣 V 形槽。铣 V 形槽时,以先铣削好的窄槽为基准调整铣刀,保证铣刀刀尖对准窄槽中心,再调整铣刀角度。V 形槽可以在卧式铣床用双角铣刀铣削,如图 7-21(a)所示;或用单角度铣刀铣削,如图 7-21(b)所示;在立式铣床上用立铣刀铣削,如图 7-21(c)所示。

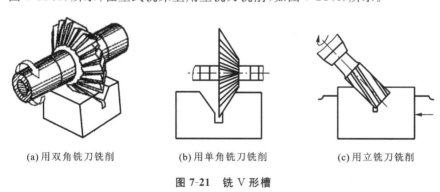

(a) 用双角铣刀铣削　　　(b) 用单角铣刀铣削　　　(c) 用立铣刀铣削

图 7-21　铣 V 形槽

**3. 铣 T 形槽**

先用三面刃铣刀铣直角槽,再用 T 形槽铣刀铣出 T 形轮廓,用倒角铣刀铣出槽口对角,如图 7-22 所示。铣 T 形槽时,工作条件较困难,排屑不容易,一般要采用较小的进给量和较低的切削速度,加工过程中要经常清除切屑。

**4. 铣燕尾槽**

燕尾槽和燕尾块的铣削方法基本与 T 形槽相似,首先用立铣刀或端面铣刀铣削直角槽或台阶,再用燕尾槽铣刀铣燕尾槽和燕尾块,如图 7-23 所示。

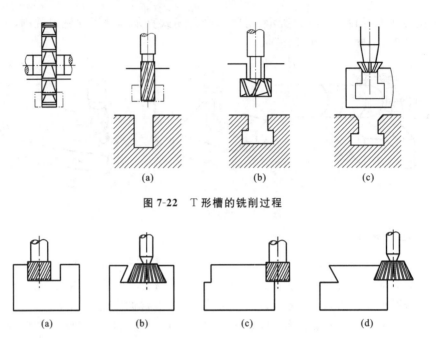

图 7-22 T 形槽的铣削过程

图 7-23 燕尾槽和燕尾块的铣削

## 复习思考题

7-1 试分析卧式铣床和立式铣床的结构特点,并说明各自的应用范围。

7-2 试归纳各式铣刀的特点,并说明其应用场合、加工特点及安装方法。

7-3 试述分度头的工作原理。若某工件需要作46等分,应如何分度?

7-4 铣削平面时有多少种铣削形式?各有何特点?

7-5 铣削斜面有哪些方法?各种铣削方法有什么特点和应用场合?

7-6 常见的沟槽有哪些?怎样进行相应的铣削加工?

7-7 铣削工艺适合加工哪些典型零件?这些零件在铣削加工时各有什么特点?

# 第8章 刨削加工

**学习及实践引导**

……①了解刨削的工艺和应用。

……②了解刨床的结构和组成。

……③掌握牛头刨床的基本操作。

……④了解插床的加工工艺和应用。

## 8.1 概 述

刨削是平面加工的主要方法之一,刨削时刨刀相对于工件的往复直线运动是主运动,工作台的间歇运动是进给运动。常用的刨削加工设备有牛头刨床、龙门刨床和插床。刨削主要用来加工平面(如水平面、垂直面、斜面等)、槽(如直槽、T 形槽、V 形槽、燕尾槽等)及一些成形面。

刨削加工的特点是所需的机床、刀具结构简单,制造安装方便,调整容易,通用性强。因此在单件、小批生产中特别是加工狭长平面时被广泛应用。刨削在变速时有惯性,限制了切削速度的提高,并且在回程时不切削,所以刨削加工生产效率较低。

刨削是单件小批量生产的平面加工最常用的加工方法,加工精度一般可达 IT9~IT7,表面粗糙度 $Ra$ 值为 $6.3\sim1.6~\mu m$。

# 8.2　牛头刨床

牛头刨床是刨削类机床中应用较广的一种。多用于单件小批量生产的中小型细长零件的加工。牛头刨床的主传动路线为:电动机→变速机构→摆杆机构→滑枕往复运动。牛头刨床的进给传动路线为:电动机→变速机构→棘轮进给机构→工作台横向进给运动。

图 8-1 所示为 B6065 型牛头刨床外形图,其型号意义如下。

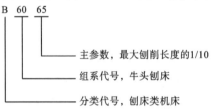

B　60　65

　　　　主参数,最大刨削长度的1/10
　　组系代号,牛头刨床
分类代号,刨床类机床

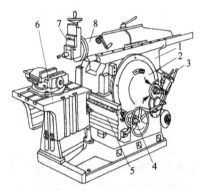

**图 8-1　B6065 牛头刨床**

1—床身;2—摆杆机构;3—变速机构;4—进刀机构;5—横梁;6—工作台;7—刀架;8—滑枕

B6065 牛头刨床的主要组成部分及作用如下。

(1)**床身**　床身用于支承和连接刨床的各部件,其顶面导轨供滑枕往复运动,侧面导轨供横梁和工作台升降。床身内部装有传动机构。

(2)**滑枕**　滑枕用于带动刨刀做直线往复运动(即主运动),其前端装有刀架。

(3)**刀架**　如图 8-2 所示,刀架用以夹持刨刀,并可作垂直或斜向进给。扳转刀架手柄时,滑板即可沿转盘上的导轨带动刨刀做垂直进给。滑板需斜向进给时,松开转盘上的螺母,将转盘扳转所需角度即可。滑板上装有可偏转的刀座,刀座中的抬刀板可绕轴向上转动。刨刀安装在刀夹上。在返回行程时,刨刀绕轴自由上抬,可减少刀具后刀面与工件的摩擦。

(4)工作台　工作台用于安装工件,可随横梁上下调整,并可沿横梁导轨横向移动或横向间歇进给。

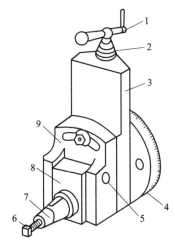

**图 8-2　刀架**

1—手柄;2—刻度环;3—滑板;4—刻度转盘;5—轴;6—紧固螺钉;7—刀夹;8—抬刀板;9—刀座

# 8.3　刨刀的安装与工件的装夹

## 8.3.1　刨刀的安装方法

刨刀的结构和几何角度与车刀相似,其区别如下。

(1) 由于刨刀工作时有冲击,因此刨刀刀柄截面一般为车刀的 1.25～1.5 倍。

(2) 切削用量大的刨刀常做成弯头的,如图 8-3(b)所示。弯头刨刀在受到切削力变形时,刀尖不会像直头刨刀那样(见图 8-3(a))因绕 $O$ 点转动而产生向下的位移而扎刀。

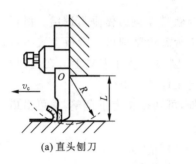 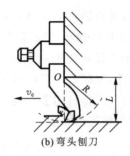

(a) 直头刨刀　　　　　　　　(b) 弯头刨刀

图 8-3　变形后刨刀的弯曲情况

常用刨刀有平面刨刀、偏刀、切刀、弯头刀等，如图 8-4 所示。

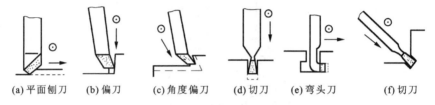

(a) 平面刨刀　(b) 偏刀　(c) 角度偏刀　(d) 切刀　(e) 弯头刀　(f) 切刀

图 8-4　常见刨刀的形状及应用

## 8.3.2　工件的安装方法

### 1. 采用平口钳装夹

平口钳是一种通用夹具，一些体积较小、形状简单的工件可采用平口钳进行装夹，装夹方法如图 8-5 所示。

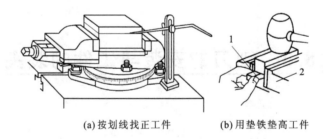

(a) 按划线找正工件　　　　(b) 用垫铁垫高工件

图 8-5　在平口钳安装工件

1—平行垫铁；2—平口钳

### 2. 直接安装

刨床工作台有 T 形槽，较大工件或某些不宜用平口钳装夹的工件，可直接用压板和螺栓将其固定在工作台上(见图 8-6)。此时应按对角顺序分几次逐渐拧紧螺母，以免工件产生变形。有时为使工件不致在刨削时被推动，须在工件

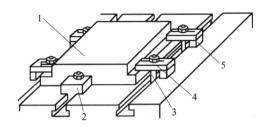

**图 8-6 用压板螺栓安装工件**
1—工件;2—挡铁;3—螺栓;4—压板;5—垫铁

前端安放挡铁。

如果工件各加工表面的平行度及垂直度要求较高,则应采用平行垫铁和垫上圆棒进行夹紧,以使底面贴紧平行垫铁且侧面贴紧固定钳口。

在大批量生产中,为了提高生产率、保证加工质量,一般是采用专用夹具进行装夹。

# ⚙ | 8.4 典型表面的刨削

### 8.4.1 刨水平面

刨水平面采用平面刨刀,当工件表面要求较高时,在粗刨后还要进行精刨。为使工件表面光整,在刨刀返回时,可用手掀起刀座上的抬刀扳,以防刀尖刮伤已加工表面。

### 8.4.2 刨垂直面和斜面

刨垂直面和斜面均采用偏刀,分别如图 8-7、图 8-8 所示。安装偏刀时,刨刀伸出的长度应大于整个垂直面或斜面的高度。刨垂直面时,刀架转盘应对准零线;刨斜面时,刀架转盘要扳转相应的角度。此外,刀座还要偏转一定的角度,使刀座上部转离加工面,以便使刨刀返回行程中抬刀时刀尖离开已加工表面。

安装工件时,要通过找正使待加工表面与工作台台面垂直(刨垂直面时),并与刨刀切削行程方向平行。在刀具返回行程终了时,用手摇刀架上的手柄来进刀。

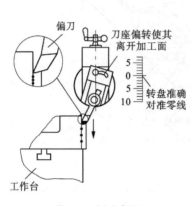

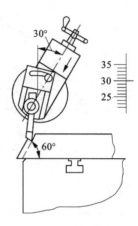

图 8-7　刨垂直面　　　　图 8-8　刨斜面

### 8.4.3　刨沟槽

刨垂直槽时,要用切刀以垂直手动进刀来进行,如图 8-9 所示。

刨 T 形槽时,要先用切刀刨出垂直槽,再分别用左、右弯刀刨出两侧凹槽,最后用 45°刨刀倒角,如图 8-10 所示。

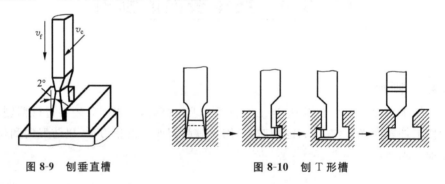

图 8-9　刨垂直槽　　　　图 8-10　刨 T 形槽

## 复习思考题

8-1　牛头刨床主要由哪几部分组成?各部分有何作用?

8-2　刨床的主运动和进给运动是什么?刨削运动有何特点?

8-3　刨削前,牛头刨床需进行哪几方面的调整?如何调整?

8-4　刨削垂直面和斜面时,应如何调整刀架的各个部分?

8-5　刨削垂直面时,为什么刀架要偏转一定的角度? 如何偏转?

8-6　为什么往往将刨刀做成弯头?

8-7　刨刀与车刀相比有何异同?

8-8　试述六面体零件的刨削加工过程。

# 第9章 磨削加工

**学习及实践引导**

.......①了解磨削加工的工艺和应用。

.......②了解磨床的结构与组成。

.......③了解砂轮的类型和参数。

.......④基本掌握磨削加工的操作技能和简单零件的磨削加工。

磨削加工是指用砂轮以较高的线速度对工件表面进行加工的方法,其实质是用砂轮上的磨料自工件表面层切除细微切屑的过程,它是零件主要精密加工方法之一。磨削加工最常见的有外圆磨削、内圆磨削、平面磨削等几种。它不仅能加工一般材料(如碳钢、铸铁和有色金属等),还可以加工用一般金属刀具难以加工的硬材料(如淬火钢、硬质合金等)。

磨削精度一般可达 IT6~IT5,表面粗糙度 $Ra$ 一般为 $0.8 \sim 0.1 \ \mu m$。

## 9.1 砂 轮

### 9.1.1 砂轮的组成

砂轮是磨削的主要工具,它是由磨料和结合剂构成的多孔物体。其中磨料、结合剂和孔隙构成砂轮的三个基本组成要素。随着磨料、结合剂及砂轮制造工艺等的不同,砂轮特性可差别很大,对磨削加工的精度、粗糙度和生产效率有着重要的影响。因此,必须根据具体条件选用合适的砂轮。

砂轮的特性由磨料、粒度、硬度、结合剂、形状及尺寸等因素来决定。

**1. 磨料**

磨料是制造砂轮的主要原料,它担负着切削工作。因此,磨料必须锋利,并具备高的硬度、良好的耐热性和一定的韧度。

常用的磨料有:棕刚玉(代号 A),用于磨削碳钢、合金钢、可锻铸铁、硬青铜等;白刚玉(代号 WA),用于精磨淬火钢、高碳钢、高速钢及薄壁零件;黑碳化硅(代号 C),用于磨削铸铁、黄铜、铝、耐火材料及非金属材料等;绿碳化硅(代号 GC),用于磨削硬质合金、光学玻璃、宝石、玉石、陶瓷,珩磨发动机汽缸套等。

**2. 粒度**

粒度是指磨料颗粒的大小,分磨粒与微粉两类。① 磨粒用筛选法分类,它的粒度号以筛网上一英寸长度内的孔眼数来表示。例如 60 ♯ 粒度的磨粒,说明能通过每英寸有 60 个孔眼的筛网,而不能通过每英寸 70 个孔眼的筛网。② 微粉用显微测量法分类,它的粒度号以代号 W 及磨料的实际尺寸来表示。

磨料粒度的选择主要与加工表面粗糙度要求和生产率有关。粗磨时,磨削余量大,表面粗糙度值较大,应选用较粗的磨粒。因为磨粒粗,气孔大,磨削深度可较大,砂轮不易堵塞和发热。精磨时,余量较小,粗糙度值较小,可选取较细磨粒。一般来说,磨粒越细,磨削表面粗糙度值越小。不同粒度砂轮的应用见表 9-1。

表 9-1 不同粒度砂轮的使用范围

| 砂轮粒度 | 一般使用范围 | 砂轮粒度 | 一般使用范围 |
|---|---|---|---|
| 14♯～24♯ | 磨钢锭、切断钢坯、打磨铸件毛刺等 | 120♯～W20 | 精磨、珩磨和螺纹磨 |
| 36♯～60♯ | 一般磨平面、外圆、内圆以及无心磨等 | W20 | 镜面磨、精细珩磨 |
| 60♯～100♯ | 精磨和刀具刃磨等 | — | — |

**3. 结合剂**

砂轮中用以黏结磨料的物质称结合剂。砂轮的强度、抗冲击性、耐热性及耐蚀性主要取决于结合剂的性能。常用的结合剂有陶瓷结合剂(代号 V)、树脂结合剂(代号 B)、橡胶结合剂(代号 R)、金属结合剂(代号 J)等。

**4. 硬度**

砂轮的硬度是指砂轮表面上的磨粒在磨削力作用下脱落的难易程度。砂轮的硬度软,表示砂轮的磨粒容易脱落;砂轮的硬度硬,表示磨粒较难脱落。常用的砂轮硬度等级如表 9-2 所示。

### 表 9-2　常用砂轮硬度等级

| 硬度等级 | 大级 | 软 | | | 中软 | | 中 | | 中硬 | | | 硬 | |
|---|---|---|---|---|---|---|---|---|---|---|---|---|---|
| | 小级 | 软1 | 软2 | 软3 | 中软 | 中软 | 中1 | 中2 | 中硬1 | 中硬2 | 中硬3 | 硬1 | 硬2 |
| 代号 | | G(R1) | H(R2) | J(R3) | K(ZR1) | L(ZR2) | M(Z1) | N(Z2) | P(ZY1) | Q(ZY2) | R(ZY3) | S(Y1) | T(Y2) |

注:括号内的代号是旧标准代号;超软、超硬未列入;表中1、2、3表示硬度递增的顺序。

　　选择砂轮硬度的一般原则是:加工软金属时,为了使磨料不致过早脱落,则选用硬砂轮。加工硬金属时,为了能及时地使磨钝的磨粒脱落,从而露出具有尖锐棱角的新磨粒(即自锐性),则选用软砂轮。前者是因为在磨削软材料时砂轮的工作磨粒磨损很慢,不需要太早脱离;后者是因为在磨削硬材料时砂轮的工作磨粒磨损较快,需要较快更新。精磨时,为了保证磨削精度和粗糙度要求,应选用稍硬的砂轮。工件材料的导热性差,易产生烧伤和裂纹时(如磨硬质合金等),应选用软一些的砂轮。

#### 5. 组织

　　砂轮的组织反映了磨粒、黏结剂、气孔之间的比例关系。磨粒在砂轮总体中占比例越大,砂轮组织越致密,气孔越小。砂轮组织分为紧密、中等、疏松三个级别。细分为13个组织号,从0~13号,组织号越小组织越致密。普通磨削常用4~7号组织的砂轮。

#### 6. 形状及尺寸

　　根据机床结构与磨削加工的需要,砂轮可制成各种形状与尺寸,常用的几种砂轮形状、尺寸、代号及用途如表9-3所示。

#### 表 9-3　常用的几种砂轮形状、尺寸、代号及用途

| 砂轮名称 | 简　图 | 代号 | 主　要　用　途 |
|---|---|---|---|
| 平形砂轮 | | P | 用于磨外圆、内圆、平面和无心磨等 |
| 双面凹砂轮 | | PSA | 用于磨外圆、无心磨和刃磨刀具 |

续表

| 砂轮名称 | 简 图 | 代号 | 主 要 用 途 |
|---|---|---|---|
| 双斜边砂轮 | | PSX | 用于磨削齿轮和螺纹 |
| 筒形砂轮 | | N | 用于立轴端磨平面 |
| 碟形砂轮 | | D | 用于刃磨刀具前面 |
| 碗形砂轮 | | BW | 用于导轨磨及刃磨刀具 |

在砂轮的端面上一般都印有标志,例如砂轮上的标志为 WA60LVP400×40×127,它的含义是:

| WA | 60 | L | V | P | 400 ×40× 127 |
|---|---|---|---|---|---|
| ↓ | ↓ | ↓ | ↓ | ↓ | ↓ ↓ ↓ |
| 磨料 | 粒度 | 硬度 | 结合剂 | 形状 | 外径×宽度×孔径 |

## 9.1.2 砂轮的检查、安装、平衡与修整

### 1. 砂轮的安装

在磨床上安装砂轮应特别注意。因为砂轮在高速旋转条件下工作,使用前应仔细检查,不允许有裂纹。安装必须牢靠,并应经过静平衡调整,以免造成人身和质量事故。砂轮内孔与砂轮轴或法兰盘外圆之间不能过紧,否则磨削时受热膨胀,易将砂轮胀裂;也不能过松,否则砂轮容易发生偏心,失去平衡,以致引起振动。用法兰盘装夹砂轮时,两个法兰盘直径应相等,其外径应不小于砂轮外径的1/3;在法兰盘与砂轮端面间应用厚纸板或耐油橡皮等做衬垫,使压力均

匀分布,螺母的拧紧力不能过大,否则砂轮会破裂。注意紧固螺纹的旋向应与砂轮的旋向相反,即当砂轮逆时针旋转时,用右旋螺纹,这样,砂轮在磨削力作用下将带动螺母越旋越紧。

**2. 砂轮的平衡**

直径大于 125 mm 的砂轮一般都要进行平衡,使砂轮的重心与其旋转轴线重合。

由于几何形状的不对称,外圆与内孔的不同轴,砂轮各部分松紧程度的不一致,以及安装时的偏心等原因,砂轮重心往往不在旋转轴线上,致使产生不平衡现象。不平衡的砂轮易使砂轮主轴产生振动或摆动,因此使工件表面产生振痕,使主轴与轴承迅速磨损,甚至造成砂轮破裂事故。砂轮直径越大,圆周速度越高,工件表面粗糙度要求越高,认真仔细地平衡砂轮就越有必要。

平衡砂轮的方法:在砂轮法兰盘的环形槽内装入几块平衡块,通过调整平衡块的位置使砂轮重心与它的回转轴线重合。

**3. 砂轮的修整**

在磨削过程中,砂轮的磨粒在摩擦、挤压作用下棱角逐渐磨圆变钝,或者在磨韧性材料时磨屑常常嵌塞在砂轮表面的孔隙中,使砂轮表面堵塞,最后使砂轮丧失切削能力。凡遇到上述情况,砂轮就必须进行修整,切去表面上一层磨料,使砂轮表面重新露出光整锋利磨粒,以恢复砂轮的切削能力与外形精度。

砂轮常用金刚石笔进行修整,金刚石具有很高的硬度和耐磨性,是修整砂轮的主要工具。

# 9.2 外圆磨床及其磨削工作

## 9.2.1 外圆磨床结构

外圆磨床分为普通外圆磨床和万能外圆磨床,其中万能外圆磨床是应用最广泛的磨床。在外圆磨床上可磨削各种轴类和套筒类工件的外圆柱面、外圆锥面以及台阶轴端面等。图 9-1 所示为 M1432A 型万能外圆磨床的外形图。M1432A 编号的意义是:M——磨床类;1——外圆磨床组;4——万能外圆磨床的系别代号;32——最大磨削直径的 1/10,即最大磨削直径为 320 mm;A——

在性能和结构上作过一次重大改进。

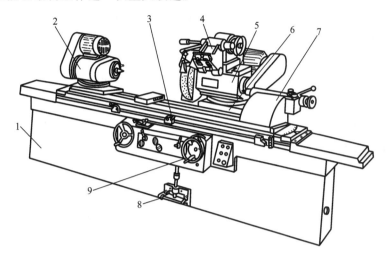

**图 9-1　M1432A 型万能外圆磨床外观图**
1—床身；2—头架；3—工作台；4—内圆磨具；5—砂轮架；
6—滑鞍；7—尾座；8—脚踏操纵板；9—横向进给手轮

**1. 磨床的主要部件**

（1）床身　床身是磨床的基础支承件，在它的上面装有砂轮架、工作台、头架、尾座及滑鞍等部件，这些部件在工作时应保持准确的相对位置。床身内部有用作液压油的油池。

（2）头架　头架用于安装及夹持工件，并带动工件旋转，头架在水平面内可按逆时针方向转 $90°$。

（3）内圆磨具　内圆磨具用于支承磨内孔的砂轮主轴，内圆磨砂轮主轴由单独的电动机驱动。

（4）砂轮架　砂轮架用于支承并传动高速旋转的砂轮主轴。砂轮架装在滑鞍上。当需磨削短圆锥面时，砂轮架可以在水平面内调整至一定角度位置（$±30°$）。

（5）尾座　尾座和头架的顶尖一起支承工件。

（6）滑鞍及横向进给机构　转动横向进给手轮，可以使横向进给机构带动滑鞍及其上的砂轮架做横向进给运动。

（7）工作台　工作台由上、下两层组成。上工作台可绕下工作台在水平面内回转一个角度（$±10°$），用以磨削锥度不大的长圆锥面。上工作台的上面装有头架和尾座，它们可随着工作台一起沿床身导轨做纵向往复运动。

**2. 机床的用途**

M1432A 型机床是普通精度级万能外圆磨床,经济精度为 IT6~IT7 级,加工表面的表面粗糙度值 $Ra$ 可控制在 $1.25\sim0.01$ $\mu$m 范围内。万能磨床可用于内、外圆柱表面及内、外圆锥表面的精加工,虽然生产率较低,但由于其通用性较好,被广泛用于单件小批生产车间、工具车间和机修车间。

### 9.2.2 外圆磨削方法

**1. 磨削外圆**

工件的外圆通常在普通外圆磨床或万能外圆磨床上磨削。外圆磨削一般有纵磨、横磨和深磨三种方式。

(1)纵磨法 如图 9-2(a)所示,采用纵磨法磨削外圆时,砂轮的高速旋转为主运动,工件做圆周进给运动的同时,还随工作台做纵向往复运动,实现沿工件轴向进给。每单次行程或每往复行程终了时,砂轮做周期性的横向移动,实现沿工件径向的进给,从而逐渐磨去工件径向的全部余量。其特点是工件的磨削精度高、表面质量好,能满足较高的加工质量要求,但磨削效率较低,适合磨削较大的工件,是单件、小批量生产的常用方法。

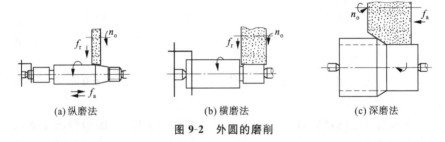

(a)纵磨法　　　　　(b)横磨法　　　　　(c)深磨法

图 9-2　外圆的磨削

(2)横磨法 如图 9-2(b)所示,采用横磨法磨削外圆时,砂轮宽度比工件的磨削宽度大,工件不需作纵向(工件轴向)进给运动,砂轮以缓慢的速度连续地或断续地沿横向进给运动,实现对工件的径向进给,直至磨削达到尺寸要求。其特点是磨削效率高,但磨削精度较低,表面粗糙度值较大,适合于大批量生产。

(3)深磨法 如图 9-2(c)所示,深磨法是一种比较先进的方法,生产率高,磨削余量一般为 $0.1\sim0.35$ mm。用这种方法可一次走刀将整个余量磨完。磨削时,进给量较小,一般取纵进给量为 $1\sim2$ mm/r,约为"纵磨法"的 15%,加工工时为纵磨法的 30%~75%。

**2. 磨削端面**

在万能外圆磨床上,可利用砂轮的端面来磨削工件的台肩面和端平面。磨削开始前,应该让砂轮端面缓慢地靠拢工件的待磨端面;磨削过程中,要求工件的轴向进给量 $f_a$ 也应很小。这是因为砂轮端面的刚度很低,基本上不能承受稍大的轴向力,所以,最好的办法是使用砂轮的外圆锥面来磨削工件的端面,此时,工作台应该扳动一较大角度。

**3. 磨削内圆**

利用外圆磨床的内圆磨具可磨削工件的内圆。磨削内圆时,工件大多数是以外圆或端面作为定位基准,装夹在卡盘上进行磨削(见图9-3)磨内圆锥面时,只需将内圆磨具偏转一个圆周角即可。

与外圆磨削不同,内圆磨削时,砂轮的直径受到工件孔径的限制,一般较小,故砂轮磨损较快,需经常修整和更换。内圆磨使用的砂轮要比外圆磨使用的砂轮软些,这是因为内圆磨时砂轮和工件接触的面积较大。另外,砂轮轴直径比较小,悬伸长度较大,刚度很低,故磨削深度不能大,生产率较低。

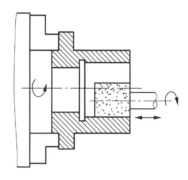

图9-3　内圆的磨削

# 9.3　平面磨床及其磨削工作

表面质量要求较高的各种平面的半精加工和精加工,常采用平面磨削方法。平面磨削常用的机床是平面磨床。砂轮的工作表面可以是圆周表面,也可以是端面。

## 9.3.1　平面磨床结构

### 1. 平面磨床主要类型和运动

当采用砂轮周边磨削方式时,磨床主轴按卧式布局;当采用砂轮端面磨削方式时,磨床主轴按立式布局。平面磨削时,工件可安装在做往复直线运动的矩形工作台上,也可安装在做圆周运动的圆形工作台上。按主轴布局及工作台形状的组合,普通平面磨床可分为下列四类。

(1) 卧轴矩台式平面磨床(见图 9-4(a))　在这种机床中,工件由矩形电磁工作台吸住。砂轮做旋转主运动 $n$，工作台做纵向往复运动 $f_1$，砂轮架做间歇的竖直切入运动 $f_3$ 和横向进给运动 $f_2$。

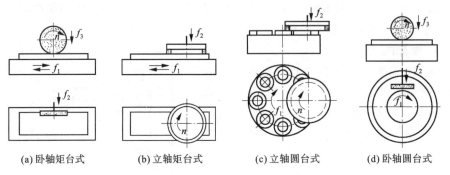

(a)卧轴矩台式　　　(b)立轴矩台式　　　(c)立轴圆台式　　　(d)卧轴圆台式

**图9-4　平面磨床的加工示意图**

（2）立轴矩台式平面磨床（见图9-4(b)）　在这种机床上，砂轮做旋转主运动 $n$，矩形工作台做纵向往复运动 $f_1$，砂轮架做间歇的竖直切入运动 $f_2$。

（3）立轴圆台式平面磨床（见图9-4(c)）　在这种机床上，砂轮做旋转主运动 $n$，圆工作台旋转做圆周进给运动 $f_1$，砂轮架做间歇的竖直切入运动 $f_2$。

（4）卧轴圆台式平面磨床（见图9-4(d)）　在这种机床上，砂轮做旋转主运动 $n$，圆工作台旋转做圆周进给运动 $f_1$，砂轮架做连续的径向进给运动 $f_2$ 和间歇的竖直切入运动 $f_3$。此外，工作台的回转中心线可以调整至倾斜位置，以便磨削锥面。

在上述四种平面磨床中，用砂轮端面磨削的平面磨床与用轮缘磨削的平面磨床相比，由于端面磨削的砂轮直径往往比较大，能同时磨出工件的全宽，磨削面积较大，所以生产率较高。但是，端面磨削时，砂轮和工件表面是成弧形线或面接触，接触面积大，冷却困难，切屑也不易排除，所以，加工精度和表面粗糙度值稍大。圆台式平面磨床与矩台式平面磨床相比较，圆台式的生产率稍高些，这是由于圆台式是连续进给，而矩台式有换向时间损失。但是，圆台式只适于磨削小零件和大直径的环形零件端面，不能磨削长零件。而矩台式可方便地磨削各种常用零件，包括直径小于矩台宽度的环形零件。目前，用得较多的是卧轴矩台式平面磨床和立轴圆台式平面磨床。

**2. 卧轴矩台式平面磨床**

卧轴矩台式平面磨床如图9-5所示。这种机床的砂轮主轴通常是由内连式异步电动机直接带动的，往往电动机轴就是主轴，电动机的定子就装在砂轮架的体壳内。砂轮架可沿滑座的燕尾导轨做间歇的横向进给运动（手动或液动）。滑座和砂轮架一起，沿立柱的导轨做间歇的竖直切入运动（手动）。工作台沿床身的导轨做纵向往复运动(液压传动)。

**3. 立轴圆台式平面磨床**

立轴圆台式平面磨床如图 9-6 所示。砂轮架的主轴也是由内连式异步电动机直接驱动的。砂轮架可沿立柱的导轨做间歇的竖直切入运动。圆工作台旋转做圆周进给运动。为了便于装卸工件,圆工作台还能沿床身导轨纵向移动。由于砂轮直径大,所以常采用镶片砂轮。这种砂轮使冷却液容易冲入切削面,使砂轮不易堵塞。这种机床生产率高,适用于成批生产。

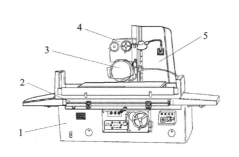

图 9-5　卧轴矩台式平面磨床

1—床身;2—工作台;3—砂轮架;4—滑座;5—立柱

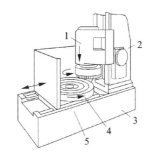

图 9-6　立轴圆台式平面磨床

1—砂轮架;2—立柱;3—底座;

4—工作台;5—床身

## 9.3.2　平面磨削方法

**1. 横向磨削法**

横向磨削法如图 9-7(a)所示。这种磨削法是:当工作台每次纵向行程终了时,磨头做一次横向进给,等到工件表面上第一层金属磨削完毕,砂轮按预选磨削深度做一次垂直进给。接着依上述过程逐层磨削,直至把全部余量磨去,使工件达到所需尺寸。粗磨时,应选较大垂直进给量和横向进给量,精磨时则两者均应选较小值。这种方法适用于磨削宽长工件,也适用于相同小件按序排列集合磨削。

**2. 深度磨削法**

深度磨削法如图 9-7(b)所示。这种磨削法的纵向进给量较小,砂轮只做两次垂直进给,第一次垂直进给量等于全部粗磨余量,当工作台纵向行程终了时,将砂轮横向移动 3.4～4.5 的砂轮宽度,直到将工件整个表面的粗磨余量磨完为止。第二次垂直进给量等于精磨余量,其磨削过程与横向磨削法相同。这种方法由于垂直进给次数少,生产率较高,且加工质量也有保证。但磨削抗力大,仅适用在动力大、刚度高的磨床上磨较大的工件。

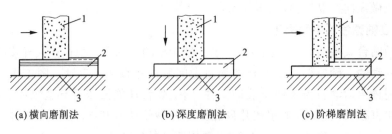

(a) 横向磨削法　　　　(b) 深度磨削法　　　　(c) 阶梯磨削法

图 9-7　平面磨削方法

1—砂轮;2—工件;3—电磁吸盘

### 3. 阶梯磨削法

如图 9-7(c)所示,阶梯磨削法是按工件余量的大小,将砂轮修整成阶梯形,使其在一次垂直进给中磨去全部余量。用于粗磨的各阶梯宽度和磨削深度都应相同;而其精磨阶梯的宽度则应大于砂轮宽度的1.2,磨削深度等于精磨余量(0.03～0.05 mm)。磨削时横向进给量应小些。

由于磨削用量分配在各段阶梯的轮面上,各段轮面的磨粒受力均匀,磨损也均匀,能较多地发挥砂轮的磨削性能。但砂轮修整工作较为麻烦,应用上受到一定限制。

### 复习思考题

9-1　什么叫磨削加工? 它可以加工的表面主要有哪些?

9-2　砂轮的特性包括哪些内容? 受哪些因素的影响?

9-3　哪些因素影响砂轮的磨粒磨削厚度? 它对磨削过程有哪些影响?

9-4　磨削过程的实质是什么? 砂轮的"自锐性"指的是什么?

9-5　砂轮的硬度与磨粒的硬度有何不同?

9-6　磨料的粒度说明什么? 应如何选择?

9-7　为什么软砂轮适于磨削硬材料?

9-8　试述万能外圆磨床的主要部件及作用。

9-9　磨外圆的方法有哪几种? 具体过程有何不同?

9-10　试述平面磨床的几种主要型别及其运动特点。

9-11　试述磨削的工艺特点。

9-12　磨削时切削液起什么作用?

# 第 10 章　钳工和装配

**学习及实践引导**

① 学习并掌握划线、锯、锉削、钻孔、攻螺纹等钳工基本操作。

② 了解钳工在零件加工、机械产品装配及维修中的作用。

③ 了解机械产品的装拆工艺与方法。

钳工是手持工具对工件进行加工的方法。钳工基本操作包括划线、錾削、锯削、锉削、钻孔、攻螺纹、套扣、刮削、研磨、装配和修理等。钳工常用设备有钳工台(见图 10-1)、虎钳(见图 10-2)等。

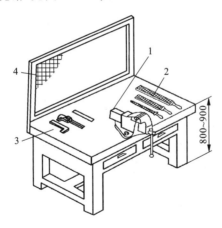

**图 10-1　钳工台**
1—虎钳;2—锉刀;3—量具;4—防护网

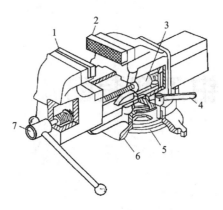

**图 10-2　虎钳**

1—活动钳口；2—固定钳口；3—螺母；4—夹紧手柄；5—夹紧盘；6—转盘座；7—丝杠

# ⚙ 10.1　划　　线

根据图样要求，在毛坯或半成品的工件表面上划出加工界线的一种操作称为划线。其作用是：① 作为加工的依据；② 检查毛坯形状、尺寸，剔除不合格毛坯；③ 合理分配工件的加工余量。

## ▬ 10.1.1　划线工具

常用的划线工具有钢直尺、划线平台、划针、划线盘、高度游标卡尺、划规、样冲、V 形架、角铁、角度规及千斤顶或支持工具等(见图 10-3)。

(1) 划线平板　又称划线平台(见图 10-4)，是一块经过精刨和刮削研磨等精加工的铸铁平板，是划线工作的基准工具。划线平板表面的平整性直接影响划线的质量，因此，要求平板水平放置，平稳牢靠。平板各部位要均匀使用，以免局部地方磨凹；不得碰撞和在平板上锤击工件。平板要经常保持清洁。用毕要擦净涂油防锈，还要加盖保护。

(2) 划针与划针盘　划针由直径为 3～5 mm 的弹簧钢丝或碳素工具钢刃磨后经淬火制成，尖端磨成 15°～20°。

用划针划线对尺寸时，针尖要紧靠钢尺，并向钢尺外侧倾斜 15°～20°，并应向划线方向倾斜 45°～75°(见图 10-5)。划线要尽量做到一次划成，若重复划同

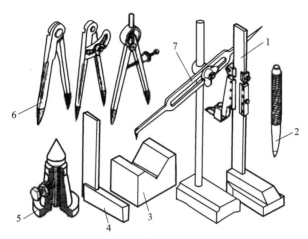

**图 10-3　常用的划线工具**

1—游标高度尺；2—中心冲；3—V形铁；4—直角尺；5—千斤顶；6—划规；7—划针盘

一条线,则线条变粗或不重合模糊不清,会影响划线质量。

　　划针盘(见图 10-6)是用来进行立体划线和找正工件位置的工具。它分为普通式和可调式两种。使用划线盘时,划针的直头端用来划线,弯头端用来找正工件的划线位置。划针伸出部分应尽量短,在拖动底座划线时,应使它与平板平面贴紧。划线时,划针盘朝划线(移动)方向倾斜 30°～60°。

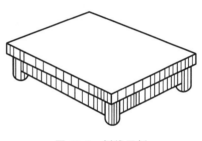

**图 10-4　划线平板**

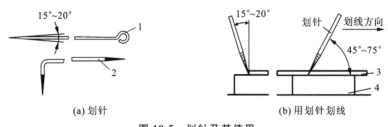

(a) 划针　　　　　　　　(b) 用划针划线

**图 10-5　划针及其使用**

1—直划针；2—弯头划针；3—钢尺；4—工件

　　(3) 划规与划卡　划规(见图 10-7)用来划圆、划圆弧、划出角度、量取尺寸和等分线段等工作。划规是用工具钢锻造加工制成,脚尖经淬火硬化。

　　划卡(见图 10-8)是用来确定轴和孔的中心位置的工具,具体使用方法如图 10-8 所示。

(a) 普通划针盘         (b) 可调划针盘

**图 10-6 划针盘**

1—支杆；2—划针夹头；3—锁紧装置；4—绕动杠杆；5—调整螺钉；6—底座

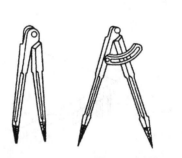

**图 10-7 划规**

(4) 样冲 样冲主要用来在工件表面划好的线条上冲出小而均匀的冲眼，以免划出的线条被擦掉。样冲用工具钢或弹簧钢制成，尖端磨成 45°～60°，经淬火硬化。样冲冲眼时，开始样冲向外倾斜，使冲尖对正划线的中心或所划孔的中心，然后把样冲立直，用手锤击打样冲顶端(见图 10-9)。

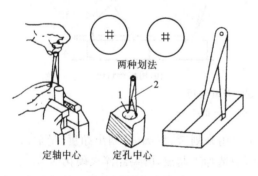

**图 10-8 用划卡定中心**

1—铅块；2—定孔中心

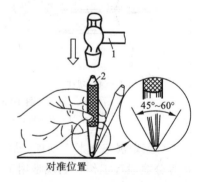

**图 10-9 样冲及其使用**

1—手锤；2—样冲

（5）千斤顶和 V 形铁　千斤顶(见图 10-10)和 V 形铁(见图 10-11)都是用来支承工件,供校验、找正及划线时使用的,它们都是用铸铁或碳钢加工而成的。

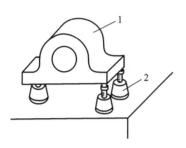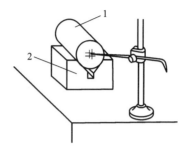

图 10-10　千斤顶支承工件
1—工件;2—千斤顶

图 10-11　V 形铁支承工件
1—工件;2—V 形铁

（6）划线方箱　划线方箱是一个由铸铁制成的空心立方体,每个面均经过精加工,相邻平面互相垂直,相对平面互相平行。用夹紧装置把小型工件固定在方箱上,划线时只要把方箱翻90°,就可把工件上互相垂直的线在一次安装中划出(见图 10-12)。

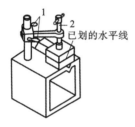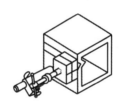

(a)用方箱划水平线

(b)用方箱划垂直线

图 10-12　方箱及其应用
1—紧固手柄;2—压紧螺柱

根据工件的形状不同,划线可分为平面划线和立体划线两种。

平面划线即在工件的一个平面上划线,如图 10-13(a)所示。

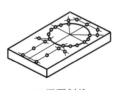

(a)平面划线

(b)立体划线

图 10-13　划线方法

立体划线在工件的几个表面上划线,即在长、宽、高三个方向上划出相关线条,如图 10-13(b)所示。

## ■ 10.1.2 划线基本操作

### 1. 划线基准的选择

"基准"是用来确定生产对象几何要素间的几何关系所依据的点、线、面。在零件图上用来确定其他点、线、面位置的基准,称为设计基准。划线基准,是指在划线时选择工件上的某个点、线、面作为依据,用它来确定工件的各部分尺寸、几何形状及工件上各要素的相对位置。

选择划线基准的原则是:若工件上有重要的孔需要加工,一般选择该孔的轴线为划线基准,如图 10-14(a)所示;若工件上有已加工表面,则应该以该平面为划线基准,如图 10-14(b)所示。

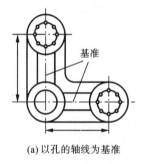

(a) 以孔的轴线为基准      (b) 以加工平面为基准

**图 10-14 划线基准**

### 2. 划线的步骤

(1)看清图样,详细了解工件上需要划线的部位;明确工件及其划线有关部分在产品中的作用和要求;了解有关后续加工工艺。

(2)确定划线基准。

(3)初步检查毛坯的误差情况。

(4)正确安放工件和选用工具。

(5)划线。

(6)仔细检查划线的准确性及是否有线条漏画。

(7)在线条上冲眼。

# 10.2 锯 削

锯削是用锯条切割开工件材料,或在工件上切出沟槽的操作。

**1. 锯削工具**

锯削的常用工具是手锯,由锯弓和锯条组成,如图 10-15 所示。锯弓用来安装锯条,锯条是锯切用的工具。锯条由碳素工具钢制成,并经淬火和低温回火处理。锯条规格用锯条两端安装孔之间的距离表示,常用的锯条约长 300 mm、宽 12 mm、厚 0.8 mm,锯条齿形如图 10-16 所示。

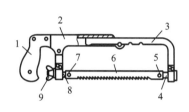

**图 10-15 手锯**

1—锯柄;2—固定部分;3—可调部分;
4—固定拉杆;5—销子;6—锯条;7—销子;
8—活动拉杆;9—蝶形拉紧螺母

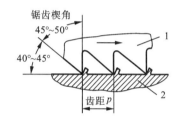

**图 10-16 锯齿形状**

1—锯齿;2—工件

锯齿按齿距大小可分为粗齿($p=1.6$ mm)、中齿($p=1.2$ mm)及细齿($p=0.8$ mm)三种。锯齿的粗细应根据加工材料的硬度和厚薄来选择。锯削铝、铜等软材料或厚材料时,应选用粗齿锯条。锯硬钢、薄板及薄壁管子时,应该选用细齿锯条。锯削软钢、铸铁及中等厚度的工件则多用中齿锯条。锯削薄材料时至少要保证 2~3 个锯齿同时工作。

**2. 锯削基本操作**

(1)选用锯条 根据工件材料的硬度和厚度选择齿距合适的锯条。

(2)安装锯条 安装时,锯齿应向前,松紧应适当,否则锯削时易折断锯条。调整好的锯条不能歪斜和扭曲。

(3)装夹工件 工件夹持要牢靠,伸出钳口部分要短,应尽可能装在台虎钳左边。

(4)锯削工件 锯削时锯弓握法如图 10-17 所示。起锯时,应用左手拇指靠住锯条,右手稳推手柄,起锯角度稍小于 15°(见图 10-18);锯弓往复速度应慢,行程要短,压力要小,锯条平面与工件表面要垂直,锯出切口后,锯弓逐渐改为水平方向;正常锯削时,左手握住锯弓前端部,以稳稳地掌握锯弓,前推时均匀加压,返回时从工件上轻轻滑过,速度一般为每分钟往返 20～40 次;快锯断时,应减轻压力,放慢速度。锯切钢件时,应使用油润滑。

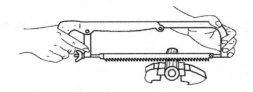

图 10-17　锯弓的握法

图 10-18　起锯方法

1—锯条;2—工件

## 10.3　锉　　削

锉削是用锉刀对工件表面进行加工的操作。

**1. 锉刀**

锉刀是用以锉削的工具,它由锉身(即工作部分)和锉柄两部分组成。其规格以工作部分的长度表示,常用的有 100 mm、150 mm、200 mm、300 mm 等。

锉削工作是由锉面上的锉齿完成的。锉刀的构造如图 10-19 所示。

锉刀的种类按用途不同,可分为钳工锉、整形锉、特种锉三种:钳工锉刀用于一般工件表面的锉削,其截面形状不同,应用场合也不相同(见图 10-20);整形锉刀又称什锦锉、组锉,适用于修整工件上的细小部位及进行精密工件(如样板、模具等)的加工;特种锉用于加工各种工件的特殊表面。按齿纹密度(以锉刀齿纹的齿距大小表示)不同,锉刀可分为五种,即粗(齿)锉、中(齿)锉、细(齿)锉、双细(齿)锉、油光锉,以适应不同的加工需要。一般用粗齿锉进行粗加工及

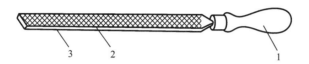

**图 10-19 锉刀的构造**
1—锉柄;2—锉面;3—锉边

加工有色金属;用中齿锉进行粗锉后的加工,一般用于锉钢、铸铁等材料;用细齿锉来锉光表面或锉硬材料;用油光锉进行修光表面工作。

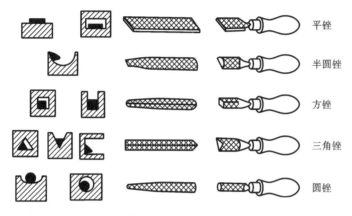

平锉

半圆锉

方锉

三角锉

圆锉

**图 10-20 钳工锉刀的截面形状**

### 2. 锉削方法

(1) 平面的锉削方法　锉平面可采用交叉锉法、顺向锉法或推锉法(见图10-21)。交叉锉一般用于加工余量较大的情况;顺向锉一般用于最后的锉平或锉光;推锉法一般用于锉削狭长平面。当用顺向锉法推进受阻碍、加工余量较小又仅要求提高工件表面的完整程度和修正尺寸时也常采用推锉法。

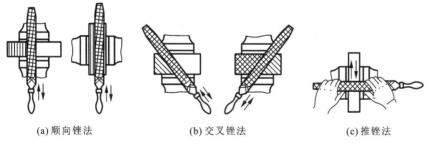

(a) 顺向锉法　　　　(b) 交叉锉法　　　　(c) 推锉法

**图 10-21 锉平面的方法**

平面锉削时,其尺寸可用钢直尺和卡尺等检查;其平直度及直角要求可使用有关器具通过是否透光来检查,如图 10-22 所示。

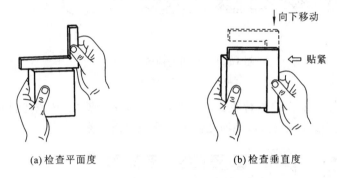

(a) 检查平面度　　　　　　　　(b) 检查垂直度

**图 10-22　检查工件的平面度和垂直度**

(2) 曲面的锉削方法　锉削外圆弧面一般用锉刀顺着圆弧锉(见图 10-23 (a)),锉刀在做前进运动的同时绕工件圆弧中心做摆动。

锉削内圆弧时,应使用圆锉或半圆锉,并使其完成前进运动、左右移动、绕锉刀中心线转动三个动作(见图 10-23(b))。

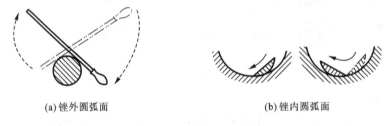

(a) 锉外圆弧面　　　　　　　　(b) 锉内圆弧面

**图 10-23　曲面的锉削方法**

## 🔩 10.4　孔及螺纹加工

### ▱ 10.4.1　钻床及其基本操作

用麻花钻在实体材料上加工孔的方法称为钻孔。常用的钻床有:台式钻床、立式钻床和摇臂钻床。

### 1. 台式钻床

台式钻床简称台钻(见图 10-24),是一种小型机床,安放在钳工台上使用,其钻孔直径一般在 12 mm 以下。它主要用于加工小型工件上的各种孔,钳工中用得最多。钻床的规格是指所钻孔中最大直径。常用 6 mm 和 12 mm 等几种规格。

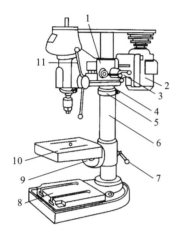
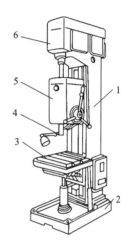

图 10-24　台式钻床

1—主轴架;2—电动机;3—锁紧手柄;4—锁紧螺钉;

5—定位环;6—立柱;7—锁紧手柄;8—机座;

9—锁紧螺钉;10—工作台;11—钻头进给手柄

图 10-25　立式钻床

1—立柱;2—底座;3—工作台;

4—主轴;5—进给箱;6—主轴变速箱

### 2. 立式钻床

立式钻床简称立钻(见图 10-25),一般用来钻中型工件上的孔,其规格用最大钻孔直径表示。常用的有 25 mm、35 mm、40 mm、50 mm 等几种。它的功率较大,可实现机动进给,因此可获得较高的生产效率和加工精度。另外,它的主轴转速和机动进给量都有较大变动范围,因而可适应于不同材料的加工和进行钻孔、扩孔及攻螺纹等多种工作。

### 3. 摇臂钻床

摇臂钻床有一个能绕立柱旋转的摇臂(见图 10-26),用于大工件及多孔工件的钻孔。它需要移(转)动钻轴对准工件上孔的中心来钻孔,而工件不需移动。主轴变速箱能沿摇臂左右移动,并可随摇臂沿立柱上下做调整运动,摇臂又能回转 360°,因此,摇臂钻床的工作范围很大,摇臂的位置由电动涨闸锁紧在立柱上,主轴变速箱可用电动锁紧装置固定在摇臂上。

工件不太大时,可将工件放在工作台上加工。如工件很大,则可直接将工件放在底座上加工。摇臂钻床的加工范围较广,可用来钻削大型工件的各种螺钉孔、螺纹底孔和油孔、扩孔以及攻螺纹等。

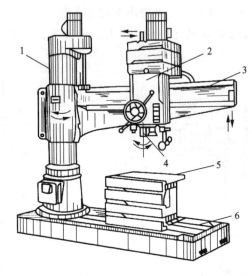

**图 10-26　摇臂钻床**

1—立柱;2—主轴箱;3—摇臂;4—主轴;5—工作台;6—机座

### 10.4.2　钻头

钻头是钻孔的主要工具,麻花钻是钳工最常用的钻头之一。

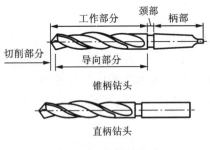

**图 10-27　麻花钻的构成**

麻花钻是钻孔的主要工具,它是由柄部、颈部和工作部分(切削部分和导向部分)构成,如图 10-27 所示。柄部是麻花钻的夹持部分,用于传递扭矩。直径<12 mm 时一般为直柄钻头,直径≥12 mm 时为锥柄钻头。锥柄扁尾的作用是防止麻花钻与钻头套或主轴锥孔之间打滑,而且便于麻花钻的拆卸。

颈部在磨削麻花钻时可作为退刀槽使用,钻头的规格、材料及商标常打印在颈部。

导向部分切削过程中能保持钻头正确的钻削方向和具有修光孔壁的作用。导向部分有两条窄的螺旋形棱边,它的直径向柄部逐渐减小略有倒椎,既能保证钻头切削时的导向作用,又能减少钻头与孔壁的摩擦。

钻头有两条螺旋槽,它的作用是构成切削刃,利于排屑和切削液畅通。钻头最外缘螺旋线的切线与钻头轴线的夹角形成螺旋角。

### 10.4.3 钻孔操作

**1. 钻头的装夹**

钻头的装夹方法是:直柄钻头一般用钻夹头安装(见图 10-28);锥柄钻头可以直接装入钻床主轴孔内,较小的钻头可用过渡套筒安装(见图 10-29)。

钻夹头或过渡套筒的拆卸方法是将楔铁带圆弧的边向上插入钻床主轴侧边的锥形孔内,左手握住钻夹头,右手用锤子敲击楔铁卸下钻夹头或过渡套(见图 10-29)。

图 10-28 钻夹头

1—固紧扳手;2—自动定心卡爪

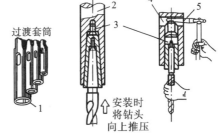

图 10-29 锥套及锥柄钻头的装卸方法

1—锥孔;2—钻床主轴;3—过渡套筒;4—长方通孔;5—楔铁

**2. 按划线钻孔**

按划线钻孔时,应先对准样冲眼试钻一浅坑,如有偏位,可用样冲重新冲孔校正,也可用錾子錾出几条槽来校正(见图 10-30)。钻孔时进给速度要均匀,将钻通时进给量要减小。钻韧性材料要加切削液。钻深孔(孔深 $L$ 与直径 $d$ 之比>5)时,钻头必须经常退出排屑。钻削>$\phi$30 mm 的孔时应分两次钻,第一次先钻第一个直径较小的孔(为加工孔径的 0.5~0.7);第二次用钻头将孔扩大到所要求的直径。

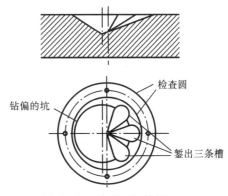

图 10-30 钻偏时錾槽校正

### 10.4.4 攻螺纹

用丝锥在工件孔中切削出内螺纹的加工方法称为攻螺纹。

## 1. 丝锥和铰杠

丝锥的结构如图 10-31 所示。工作部分是一段开槽的外螺纹。丝锥的工作部分包括切削部分和校准部分。

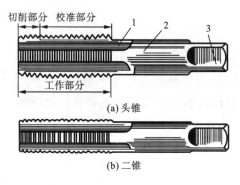

图 10-31 丝锥

1—槽;2—柄;3—方头

手用丝锥一般由两支组成一套,分为头锥和二锥。两支丝锥的外径、中径和内径均相等,只是切削部分的长短和锥角不同。头锥较长,锥角较小,约有 6 个不完整的齿,以便切入。二锥短些,锥角大些,不完整的齿约为 2 个。

铰杠是手工攻螺纹时来夹持丝锥的工具,分为普通铰杠(见图 10-32)和丁字铰杠(见图 10-33)两大类,铰杠又可分为固定式和活铰式两种。其中丁字铰杠适用于在高凸台旁边箱体内部攻螺纹,活铰式丁字铰杠用于 M6 以下丝锥,普通的固定式铰杠用于 M5 以下丝锥。

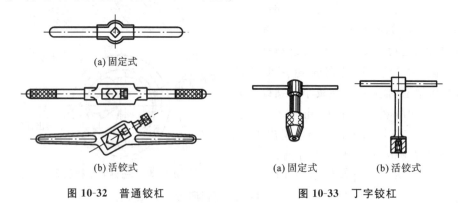

图 10-32 普通铰杠          图 10-33 丁字铰杠

铰杠的方孔尺寸和柄长都有一定规格,使用时应按丝锥尺寸大小合理选用。

**2. 攻螺纹操作步骤**

（1）钻孔　攻螺纹前要先钻孔，攻螺纹过程中，丝锥牙齿对材料既有切削作用还有一定的挤压作用，所以一般钻孔直径 $D$ 略大于螺纹的内径，可查表或根据下列经验公式计算。

① 在加工钢和塑性较大的材料及扩张量中等的条件下：

$$D_{钻}=D-P$$

式中：$D_{钻}$——钻螺纹底孔用钻头直径，mm；

$D$——螺纹大径，mm；

$P$——螺距，mm。

② 在加工铸铁或塑性较小的材料及扩张量较小的条件下：

$$D_{钻}=D-(1.05\sim1.1)P$$

攻常用的粗牙、细牙普通螺纹时，钻底孔用钻头直径也可以从有关标准中查得。

③ 攻螺纹底孔深度的确定　攻不通孔螺纹时，由于丝锥切削部分有锥角，端部不能切出完整的牙型，所以钻孔深度要大于螺纹的有效深度。一般取

$$H_{钻}=h_{有效}+0.7D$$

式中：$H_{钻}$——底孔深度，mm；

$h_{有效}$——螺纹有效深度，mm；

$D$——螺纹大径，mm。

（2）攻螺纹时，两手握住铰杠中部，均匀用力，使铰杠保持水平转动，并在转动过程中对丝锥施加垂直压力，使丝锥切入孔内 $1\sim2$ 圈。

（3）用 $90°$ 角尺，检查丝锥与工件表面是否垂直。若不垂直，丝锥要重新切入，直至垂直。

（4）攻入螺纹时，两手紧握铰杠两端，正转 $1\sim2$ 圈后反转 $1/4$ 圈。在攻螺纹过程中，要经常用毛刷对丝锥加注机油。在攻不通孔螺纹时，攻螺纹前要在丝锥上作好螺纹深度标记。在攻螺纹的过程中，还要经常退出丝锥，清除切屑。当攻比较硬的材料时，可将头、二锥交替使用。

（5）将丝锥轻轻倒转，退出丝锥，注意退出丝锥时不能让丝锥掉下。

## 10.4.5　套螺纹

用板牙在圆杆上加工出外螺纹的加工方法称为套螺纹。

**1. 套螺纹工具**

套螺纹用的工具是板牙和板牙架。板牙有固定的和开缝的（开缝式板牙其

螺纹孔的大小可作微量的调节)两种。套螺纹用的板牙和板牙架分别如图 10-34 和图 10-35 所示。

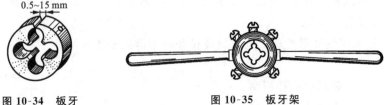

图 10-34　板牙　　　　　　　　　　图 10-35　板牙架

### 2. 套螺纹操作步骤

(1) 确定螺杆直径　由于板牙牙齿对材料不但有切削作用,还有挤压作用,所以圆杆直径一般应小于螺纹公称尺寸。可通过查有关表格或用下列经验公式来确定。

$$d_{杆}=d-0.13P$$

式中:$d_{杆}$——圆杆直径,mm(套螺纹前圆杆直径可从有关标准中查得);

　　　$d$—— 螺纹大径,mm;

　　　$P$——螺距,mm。

(2) 将套螺纹的圆杆顶端倒角 15°～20°。

(3) 将圆杆夹在软钳口内,要夹正紧固,并尽量低些。

(4) 板牙开始套螺纹时,要检查校正,务使板牙与圆杆垂直,然后适当加压力按顺时针方向扳动板牙架,当切入 1～2 牙后就可不加压力旋转。同攻螺纹一样要经常反转,使切屑断碎及时排屑,如图 10-36 所示。

图 10-36　套螺纹操作

# 10.5　典型零件的加工

以图 10-37 所示的零件为例，其加工工艺如表 10-1 所示。

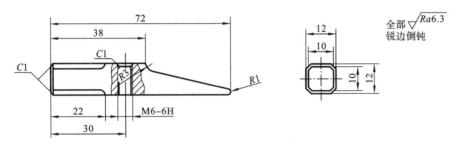

**图 10-37　锤头零件**

**表 10-1　锤头的加工工艺**

| 序号 | 加工内容 | 加工简图 |
|:---:|---|---|
| 1 | 下料：<br>　锯 14×14×74 方钢料 | |
| 2 | 锉平面：<br>　锉四周平面及端面至 12.8×12.8×73，注意平面度、垂直度及平行度 | |
| 3 | 精锉平面：<br>　锉成 12×12×72，保证平面度、垂直度及平面度 | |
| 4 | 划线：<br>　划出各加工线，打样冲眼 | |

续表

| 序号 | 加 工 内 容 | 加 工 简 图 |
|---|---|---|
| 5 | 锉弧面：<br>锉削圆弧面 R3 | 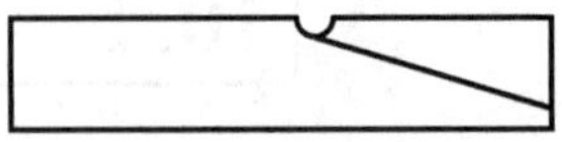 |
| 6 | 锯斜面：<br>锯割 34 mm 长斜面 |  |
| 7 | 锉斜面：<br>锉削斜面及圆弧面 R1 |  |
| 8 | 倒角：<br>锉削四边倒角 C1 及端面倒角 C1 | 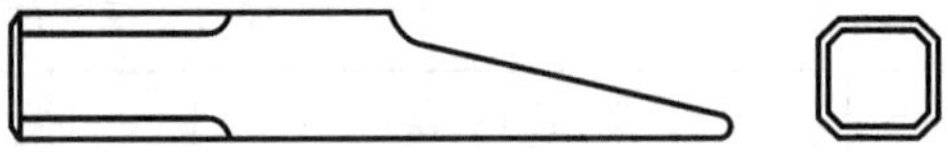 |
| 9 | 钻孔、攻螺纹：<br>钻 $\phi5$ 通孔及在孔端倒角 C1，用 M6 丝锥攻螺纹 | 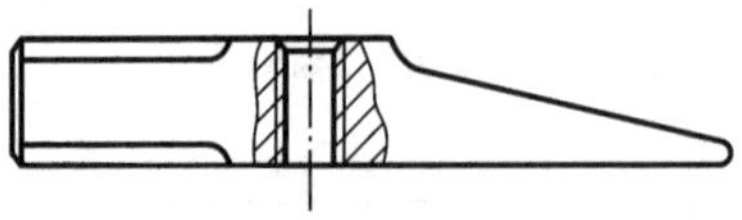 |

## 10.6 装 配

### 10.6.1 装配的概念

按照规定的技术要求,将零件组装成机器,并经过调整、试验,使之成为合格产品的工艺过程称为装配。

装配过程一般可分为组件装配、部件装配和总装配。

（1）组件装配　组件装配是指将两个以上的零件连接组合成为组件的过程。例如由轴、齿轮等零件组成的一根传动轴的装配。

（2）部件装配　部件装配是指将组件、零件连接组合成独立机构（部件）的过程。例如车床床头箱、进给箱等的装配。

（3）总装配　总装配是指将部件、组件和零件连接组合成为整台机器的过程。

### 10.6.2　装配前的准备工作

装配是机器制造的重要阶段。装配质量的好坏对机器的性能和使用寿命影响很大。装配不良的机器，将会使其性能降低，消耗的功率增加，使用寿命减短。因此，装配前必须认真做好以下几点准备工作。

（1）研究和熟悉产品的图样，了解产品的结构以及零件作用和相互连接关系，掌握其技术要求。

（2）确定装配方法、程序和所需的工具。

（3）备齐零件，并进行清洗、涂防护润滑油。

### 10.6.3　基本元件的装配

#### 1. 螺纹连接的装配

在固紧成组螺钉、螺母时，为使固紧件的配合面上受力均匀，应按一定的顺序来拧紧，如图 10-38 所示。而且每个螺钉或螺母不能一次就完全拧紧，应按顺序分 2～3 次才全部拧紧。为使每个螺钉或螺母的拧紧程度较为均匀一致，可使用测力扳手。零件与螺母的贴合面应平整光洁，否则螺纹容易松动。为提高贴合面质量，可加垫圈。为了防止螺纹连接在工作中松动，很多情况下需要采取防松措施，常用的有双螺母、弹簧垫圈、开口销、止动垫圈等（见图 10-39）。

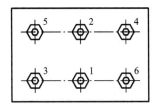 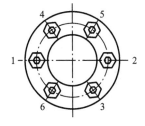

**图 10-38　成组螺母的拧紧顺序**

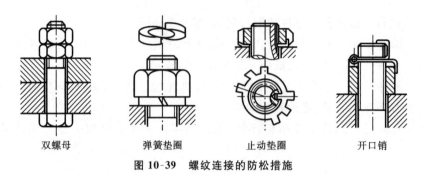

| 双螺母 | 弹簧垫圈 | 止动垫圈 | 开口销 |

图 10-39　螺纹连接的防松措施

### 2. 滚动轴承的装配

　　滚动轴承的内圈与轴颈以及外圈与机体孔之间的配合多为较小的过盈配合,常用锤子或压力机压装,为了使轴承圈受到均匀加压,采用垫套加压,如图 10-40 所示。轴承压到轴上时,应通过垫套施力于内圈端面;轴承压到机体孔中时,应施力于外圈端面;若同时压到轴上和机体孔中,则内外圈端面应同时加压。若轴承与轴颈是较大的过盈配合,则最好将轴承吊在 80～90 ℃ 的热油中加热,然后趁热装入。

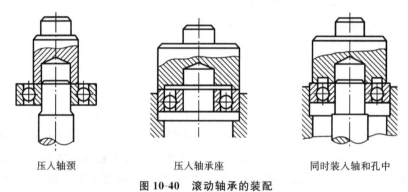

| 压入轴颈 | 压入轴承座 | 同时装入轴和孔中 |

图 10-40　滚动轴承的装配

### 3. 键连接的装配

　　键连接装配是用来连接轴上零件并对它们起周向固定作用,以达到传递扭矩的作用。常用的有平键、半圆键、花键等。图 10-41 为平键连接的装配,装配

图 10-41　平键连接

时应使键长与键槽相适应,键宽方向使用过渡配合,键底面与键槽底面接触。

## 10.6.4　拆卸工作的要求

（1）机器拆卸工作,应按其结构的不同,预先考虑操作顺序,以免先后倒置,拆卸的顺序应与装配的顺序相反。

（2）拆卸时,使用的工具必须保证对合格零件不会发生损伤,严禁用手锤直接在零件的工作表面上敲击。

（3）拆卸时,零件的旋松方向必须辨别清楚。

（4）拆下的零部件必须有次序、有规则地放好,并按原来结构套在一起,配合件上做记号,以免搞乱。对丝杠、长轴类零件必须将其吊起,防止变形。

## 复习思考题

10-1　钳工的基本操作有哪些?

10-2　钳工常用的设备有哪些?

10-3　划线的作用是什么?

10-4　什么叫划线基准? 选择划线基准的原则是什么?

10-5　锯削的基本操作有哪些?

10-6　安装锯条应注意什么?

10-7　常用锉刀的截面现状有哪些?

10-8　推锉法应用在什么场合?

10-9　如何锉削曲面?

10-10　钳工加工中所使用的钻床有几种类型?

10-11　麻花钻由哪几部分组成?

10-12　攻螺纹时应如何保证螺孔质量?

10-13　对脆性和塑性材料,攻螺纹前对孔的直径要求为什么不同?

10-14　为什么套螺纹前要检查圆杆直径? 其大小如何确定?

10-15　自行设计一个零件,用钳工的加工方法完成零件的加工。

10-16　螺纹连接的防松措施有哪些?

10-17　装配过程分成哪几种?

# 第11章 数控加工基础知识

## 学习及实践引导

1. 了解数控机床的结构和组成。
2. 学习和了解数控编程的内容和方法。
3. 实践并掌握编程格式和手工编程方法。

## ⚙ 11.1 数控加工的基本原理

### 11.1.1 数控加工的基本概念

数控即为数字控制（numerical control，NC），是用数字化信号对机床的运动及其加工过程进行控制的一种方法。

### 11.1.2 数控机床的组成

数控机床是指采用了数控技术或装备了数控系统的机床。现代计算机数控机床由控制介质、输入/输出装置、计算机数控装置、伺服系统及机床本体组成，其工作原理如图 11-1 所示。

#### 1. 控制介质

数控程序是数控机床自动加工零件的工作指令，以控制机床的运动，实现

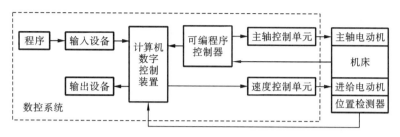

图 11-1　数控机床工作原理图

零件的机械加工。编制程序的工作可由人工进行，对于形状复杂的零件，通常采用软件自动编程。控制介质是人与数控机床之间联系的中间媒介物质，反映了数控加工中的全部信息。目前数控机床最常用的程序存储介质有 U 盘、CF 卡、磁盘和网盘。

### 2. 输入／输出装置

它们是 CNC 系统与外部设备进行交互的装置。将程序载体上的加工程序输入 CNC 系统或将调试好了的零件加工程序通过输出设备存放或记录在相应的程序载体上。数控机床加工程序也可通过键盘用手工方式直接输入数控系统，还可由编程计算机用 RS-232C 或采用网络通信方式传送到数控系统中。

### 3. 数控装置

数控装置是数控机床的核心。数控装置从内部存储器中取出或接受输入装置送来的一段或几段数控加工程序，经过数控装置的逻辑电路或系统软件进行编译、运算和逻辑处理后，输出各种控制信息和指令，控制机床各部分的工作，使其进行规定的有序运动和动作。

### 4. 伺服系统

它是数控系统与机床本体之间的机电传动联系环节，主要由伺服电动机、驱动控制系统以及位置检测反馈装置组成。伺服电动机是系统的执行元件，驱动控制系统则是伺服电动机的动力源。它用来接收数控装置输出的指令信息并经过功率放大后，带动机床移动部件做精确定位或按照规定的轨迹的速度运动，使机床加工出符合图样要求的零件。

### 5. 检测反馈系统

测量反馈系统由检测元件和相应的电路组成，其作用是检测机床的实际位置、速度等信息，并将其反馈给数控装置与指令信息进行比较和校正，构成系统的闭环控制。

### 6. 机床本体

机床本体指的是数控机床机械机构实体，包括床身、主轴、进给机构等机械

部件。由于数控机床是高精度和高生产率的自动化机床,它与传统的普通机床相比,应具有更高的刚度和更好的减振性,相对运动摩擦因数要小,传动部件之间的间隙要小,而且传动和变速系统要便于实现自动化控制。

### 11.1.3 数控机床的分类

数控机床的种类很多,可以按不同的方法对数控机床进行分类。

**1. 按工艺用途分**

数控车床、数控铣床、数控钻床、数控磨床、数控镗铣床、数控电火花加工机床、数控线切割机床、数控齿轮加工机床、数控冲床、数控液压机等各种用途的数控机床。

**2. 按运动方式分**

(1) 点位控制数控机床  点位控制是指数控系统只控制刀具或机床工作台,从一点准确地移动到另一点,而点与点之间运动的轨迹不需要严格控制。为了减少移动部件的运动与定位时间,一般先以快速移动到终点附近位置,然后以低速准确移动到终点定位位置,移动过程中刀具不进行切削。这类数控机床主要有数控钻床、数控坐标镗床、数控冲床等(见图 11-2)。

(2) 直线控制数控机床  直线控制是指数控系统除控制直线轨迹的起点和终点的准确定位外,还要保证两点间的移动轨迹为一直线,并且要控制在这两点之间以指定的进给速度进行直线切削。采用这类控制的有数控铣床、数控车床和数控磨床等(见图 11-3)。

(3) 轮廓控制数控机床  能够连续控制两个或两个以上坐标方向的联合运动。它不仅要控制机床移动部件的起点与终点坐标,而且要控制整个加工过程的每一点的速度、方向和位移量,也称为连续控制数控机床。这类数控机床主要有数控车床、数控铣床、数控线切割、数控磨床和加工中心等(见图 11-4)。

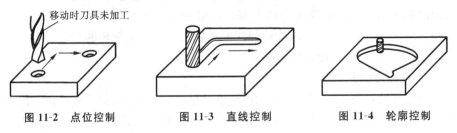

图 11-2  点位控制　　　图 11-3  直线控制　　　图 11-4  轮廓控制

**3. 按伺服控制方式分**

1) 开环控制数控机床

开环伺服系统不设检测反馈装置,不构成运动反馈控制回路,电动机按数

控装置发出的指令脉冲工作,对运动误差没有检测反馈和处理修正过程。

图 11-5 所示为开环伺服系统构成原理图,由于系统中没有检测和反馈装置,机床的位置精度完全取决于步进电动机步距角的精度、齿轮的传动间隙、丝杠螺母的精度等,因此其精度较低,但其结构简单、易于调整、价格低廉,多用于精度和速度要求不高的经济型数控机床。

**图 11-5　数控机床开环控制框图**

2）半闭环控制数控机床

反馈信号不是从机床的工作台取出,而是从传动链的中间部位取出,并按照反馈控制原理构成的位置伺服系统,称为半闭环控制系统,这种系统从本质上仍属于闭环伺服系统,只是反馈信号取出点不同而已。图 11-6 所示为半闭环伺服系统原理图。

半闭环伺服系统的角位移检测装置直接安装在电动机轴上,或者安装在丝杠末端。半闭环伺服系统的反馈信号取自电动机轴(或丝杠),工作时将所测得的转角折算成工作台的位移,再与指令值进行比较,从而控制机床运动,这种系统被广泛用在中小型数控机床上。

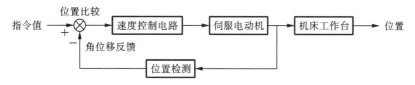

**图 11-6　数控机床半闭环控制框图**

3）闭环控制数控机床

闭环伺服系统主要由比较环节、伺服驱动放大器、进给伺服电动机机械传动装置和直线位移测量装置组成。图 11-7 所示为闭环伺服系统原理图。

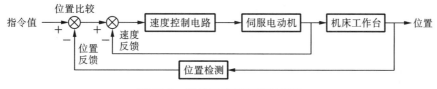

**图 11-7　数控机床闭环控制框图**

在闭环控制系统中,数控装置发出的位移指令脉冲,通过伺服电动机和机械传动装置驱动运动部件运动,对移动部件的位移用位置检测装置进行检测,并将测量的实际位置反馈到输入端与指令位置进行比较,用其差值控制伺服电动机带动工作台移动,直至两者的差值为零为止。

# 11.2 数控机床编程基础知识

## 11.2.1 程序编制的基本概念

在普通机床上加工零件时,由工艺人员事先制订好零件加工工艺规程(工艺卡)。在工艺规程中给出零件的加工路线、切削参数、使用机床的规格及刀夹量具等内容。操作人员按工艺卡手工操作机床,加工零件。

为了能在数控机床上加工出不同形状、尺寸和精度的零件,需要编程人员编制不同的加工程序,数控机床按照编制好的程序自动加工出合格的零件。

所谓编程,就是把零件的图形尺寸、工艺过程、工艺参数、机床的运动以及刀具位移等内容,按照数控机床的编程格式和能识别的语言记录在程序单上的全过程。

数控机床是按照事先编制好的零件加工程序自动地对工件进行加工的高效自动化设备。数控机床所使用的程序是按一定的格式并以代码的形式编制的,一般称为"加工程序",目前零件的加工程序编制方法主要有手工编程与自动编程。

### 1. 手工编程

利用一般的计算工具,通过各种数学方法,人工进行刀具轨迹的运算,并进行指令编制。该方法比较简单,容易掌握,适应性较强。

### 2. 自动编程

利用计算机及专用的自动编程软件,以人机对话的方式确定加工对象和加工条件,自动进行运算和生成指令。

## 11.2.2 数控机床的坐标系统

### 1. 坐标系

为了确定数控机床的运动方向和移动距离,需要在机床上建立一个坐标系,这个坐标系就称为机床坐标系。数控机床的坐标系采用直角笛卡儿坐标系,其基本坐标轴为 $X$、$Y$、$Z$。如图 11-8 所示,大拇指为 $X$ 轴正方向,食指为 $Y$ 轴正方向,中指为 $Z$ 轴正方向。

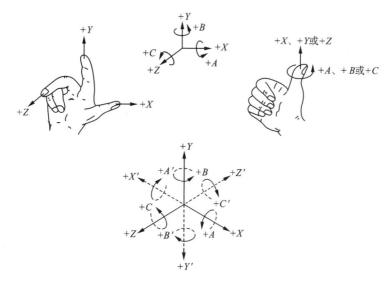

图 11-8　右手笛卡儿坐标系

### 2. 坐标轴及其运动方向

无论机床的具体结构是工件静止、刀具运动,还是工件运动、刀具静止,数控机床的坐标运动都是指刀具相对静止的工件坐标系的运动。

按有关标准的规定,在机床上,平行于机床主轴方向的为 $Z$ 轴,当机床有几个主轴时,则 $Z$ 轴垂直于工件的装夹面,取刀具远离工件的方向为 $Z$ 轴的正方向。

$X$ 轴为水平方向,且垂直于 $Z$ 轴并平行于工件的装夹面。对于工件做旋转运动的机床,在与 $Z$ 轴垂直的平面内,刀具的运动方向为 $X$ 轴,刀具离开主轴回转中心的方向为 $X$ 的正方向。对于刀具做旋转运动的机床,$Z$ 轴水平时,沿刀具主轴后端向工件方向看,向右的方向为 $X$ 的正方向;若 $Z$ 轴是垂直的,则从主轴向立柱看时,对于单立柱机床,$X$ 轴的正方向向右;对于双立柱机床,从主轴向左侧立柱看时,$X$ 的正方向指向右边。

数控机床的进给运动,有的由主轴带动刀具运动来实现,有的由工作台带着工件运动来实现。上述坐标轴正方向是假定工件不动,刀具相对于工件做进给运动的方向。如果是工件移动则用加"'"的字母表示。

### 3. 坐标原点

1) 机床原点

机床的坐标轴及其运动方向如图 11-9 所示,数控机床都有一个基准位置,

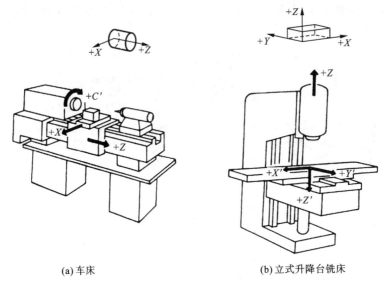

(a) 车床                                          (b) 立式升降台铣床

**图 11-9   机床的坐标轴及其运动方向**

称为机床原点。它是指机床坐标系的原点,即 $X=0$、$Y=0$、$Z=0$ 的点,是机床制造厂家设置在机床上的一个物理位置。其作用是使机床与控制系统同步,建立测量机床运动坐标的起始点。对于某一具体机床来说,机床原点是固定的。数控车床的原点一般设在主轴前端的中心,数控铣床的原点有的设在机床工作台中心,有的设在进给行程范围的终点。

2) 机床参考点

与机床原点相对应的还有一个机床参考点,用 $R$ 来表示,也是机床上的一个固定点,机床的参考点与机床的原点不同,是用于对机床工作台、滑板以及刀具相对运动的测量系统进行定标和控制的点,如加工中心的参考点为自动换刀位置,数控车床的参考点是指车刀退离主轴端面和中心线最远并且固定的一个点。

3) 工件坐标系、程序原点和对刀点

工件坐标系是编程人员在编程时使用的,编程人员选择工件上的某一已知点为原点(也称程序原点),建立一个新的坐标系,称为工件坐标系。工件坐标系一旦建立就一直有效,直到被新的工件坐标系所取代。

工件坐标系的原点选择要尽量满足编程简单,尺寸换算少,引起的加工误差小等条件。一般情况下:以坐标系尺寸标注的零件,程序原点应选择在尺寸标注的基准点;对称零件或以同心圆为主的零件,程序原点应选在对称中心线或圆心上;$Z$ 轴的程序原点通常选在工件的上表面。

对刀点是零件程序加工的起始点,对刀的目的是确定程序原点在机床坐标系中的位置,对刀点可与程序原点重合,也可在任何便于对刀之处,但该点与程序原点之间必须有确定的坐标联系。

**4.绝对坐标编程及增量坐标编程**

1)绝对坐标编程

在程序中用G90指定,刀具运动过程中所有的刀具位置坐标是以一个固定的编程原点为基础给出的,即刀具运动的指令数值是与某一固定的编程原点之间的距离给出的,如图11-10(a)所示。

2)增量坐标编程

在程序中用G91来指定,刀具运动的指令数值是按刀具当前所在的位置到下一位置之间的增量给出,如图11-10(b)所示。

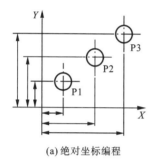

(a)绝对坐标编程

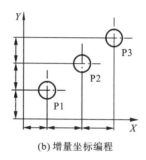

(b)增量坐标编程

**图11-10　绝对坐标编程及增量坐标编程**

## 11.2.3　程序结构

加工程序由若干程序段组成,而程序段由一个或若干个指令字组成,指令字代表某一信息单元;每个指令字由地址符和数字组成,它代表机床的一个位置或一个动作。

程序段格式是指令字在程序段中排列的顺序,不同的数控系统有不同的程序段格式,格式不符合规定,数控装置就会报警,不运行。常见的程序段格式如表11-1所示。

**表11-1　常见的程序段格式**

| 1 | 2 | 3 | 4 | 5 | 6 | 7 | 8 | 9 | 10 | 11 |
|---|---|---|---|---|---|---|---|---|----|----|
| N_ | G_ | X_U_Q_ | Y_V_P_ | Z_W_R_ | I_J_K_R_ | F_ | S_ | T_ | M_ | LF |
| 序号 | 准备功能 | 坐标字 | | | | 进给功能 | 主轴功能 | 刀具功能 | 辅助功能 | 结束符号 |

程序段序号通常由地址符 N 和其后的 4 位数字表示,如 N0001,用于表示程序的段号。

**1. 常用指令的含义**

1) 准备功能 G 指令

准备功能 G 指令简称 G 功能,由表示准备功能的地址符 G 和两位数字组成,G 指令的代号已标准化,不同的数控系统其 G 指令的定义也不尽相同,下面简单介绍常用的 G 指令。

(1) 快速点定位指令 G00    刀具从当前位置快速移动到切削开始前的位置,在切削完了之后,快速离开工件。一般在刀具非加工状态的快速移动时使用。用 G00 指令编程时,此程序段不必给出进给速度指令,进给速度 F 对 G00 指令无效,其快速进给速度是由制造厂确定的,刀具与工件的相对运动轨迹也是由制造厂定的。

格式:G00 X __ Y __ Z __

**例 11-1**    G00 X25.0 Z6.0(见图 11-11)。

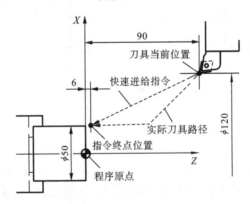

**图 11-11  G00 快速进刀**

(2) 直线插补指令 G01    G01 指令用于产生直线或斜线运动,在运动过程中进行切削加工。G01 指令表示刀具从当前位置开始以给定的进给速度(由 F 指令指定),沿直线移动到规定位置。

格式:G01 X __ Y __ Z __ F __

**例 11-2**    外圆柱切削 G01 X30.0 Z−80.0 F0.3 或 G01 U0W−80.0 F0.3 (见图 11-12)。

外圆锥切削 G01 X40.0 Z−80.0 F0.3 或 G01 U20.0W−80.0 F0.3(见图11-13)。

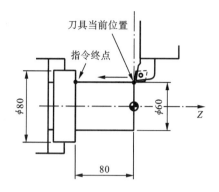

图 11-12　G01 指令(切外圆柱)

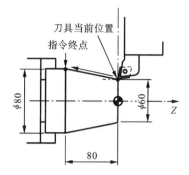

图 11-13　G01 指令(切外圆锥)

（3）圆弧插补指令 G02 和 G03　G02 指令或 G03 指令使机床在各坐标平面内执行圆弧运动,切削出圆弧轮廓。刀具进行圆弧插补时必须规定所在平面,然后再确定回转方向。判断圆弧的顺逆方向的方法是:在圆弧插补中,沿垂直于圆弧所在平面的坐标轴的负方向看,刀具相对于工件的转动方向是顺时针方向为 G02,若转动方向是逆时针方向为 G03(见图 11-14)。

格式:G17 $\begin{Bmatrix} G02 \\ G03 \end{Bmatrix}$ X＿ Y＿ $\begin{Bmatrix} R\_\_ \\ I\_\_ J\_\_ \end{Bmatrix}$ F＿

格式:G18 $\begin{Bmatrix} G02 \\ G03 \end{Bmatrix}$ X＿ Z＿ $\begin{Bmatrix} R\_\_ \\ I\_\_ K\_\_ \end{Bmatrix}$ F＿

格式:G19 $\begin{Bmatrix} G02 \\ G03 \end{Bmatrix}$ Y＿ Z＿ $\begin{Bmatrix} R\_\_ \\ J\_\_ K\_\_ \end{Bmatrix}$ F＿

其中:X、Y、Z 表示圆弧终点坐标,可以用绝对值,也可以用增量值。I、J、K 分别为圆弧的起点到圆心的 $X$、$Y$、$Z$ 轴方向的增量,如图 11-15 所示。

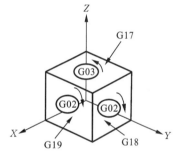

图 11-14　圆弧顺逆方向

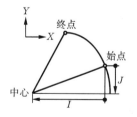
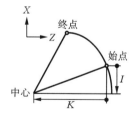
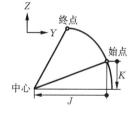

图 11-15

顺时针圆弧插补:G02 X50.0 Z－10.0 I20. K17. F0.4(见图 11-16)。

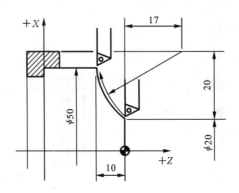

**图 11-16　G02 指令运用**

（4）刀具半径补偿指令 G40、G41、G42　在程序中可用指令实现刀具半径补偿。

G41——刀具左补偿。沿刀具运动方向看（假设工件不动），刀具位于零件左侧时的刀具半径补偿（见图 11-17(a)）。

G42——刀具右补偿。沿刀具运动方向看（假设工件不动），刀具位于零件右侧时的刀具半径补偿（见图 11-17(b)）。

G40——刀具补偿注销。

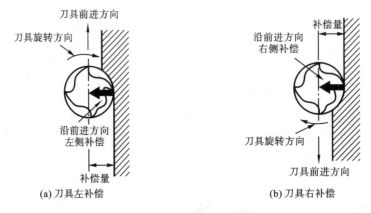

**图 11-17　刀具的补偿方向**

（5）工件坐标系设定指令 G92　使用绝对坐标指令编程时，预先要确定工件坐标系，G92 指令的功能就是确定工件坐标系原点距对刀点（刀具所在位置）的距离，即确定刀具起始点在工件坐标系中的坐标值，并把这个设定值储存于程序存储器中，在机床重开机时消失。

格式：G92 X　Y　Z

（6）绝对尺寸及增量尺寸编程指令 G90、G91　G90 表示程序段的坐标字按绝对坐标编程。G91 表示程序段的坐标字按增量坐标编程。

2）辅助功能 M 指令

（1）程序停止指令 M00　执行 M00 指令后，机床所有动作均被切断，以便进行手工操作。重新按动程序启动按钮，再继续执行后续的程序段。

（2）选择停止指令 M01　执行 M01 指令后，机床暂时停止，但只有在机床控制盘上的"选择停止"键处于"ON"状态时才有效，否则该指令无效。

（3）程序结束指令 M02　该指令表明主程序结束，机床的数控单元复位，但该指令并不返回程序起始位置。

（4）主轴正转指令 M03　主轴正转是从主轴＋Z 方向看（从主轴头向工作台方向看），主轴顺时针方向旋转。

（5）主轴反转指令 M04　主轴正转是从主轴＋Z 方向看（从主轴头向工作台方向看），主轴逆时针方向旋转。

（6）主轴停止指令 M05　主轴停止是在该程序段其他指令执行完成后才停止。

（7）程序结束指令 M30　同 M02 指令一样，表示主程序结束，区别是 M30 指令执行后，使程序返回到开始状态。

3）进给功能 F

由进给地址符 F 及数字组成，用于指定刀具相对于工件的进给速度，一般为四位数字，单位为"mm/min"或"mm/r"。

4）主轴转速功能 S

由主轴地址符 S 及两位数字组成，数字表示主轴的转数，单位为"r/min"。

5）刀具功能字 T

由地址符 T 及数字组成，用以指定刀具的号码及刀具补偿值，如 T0101，前两位指定刀具为 1 号刀，后两位数字则为调用第 1 组刀补值。

**2．刀具补偿**

数控系统的刀具补偿功能主要是为了简化编程，使数控程序与刀具的形状及尺寸尽可能无关，同时也是为了方便操作。CNC 系统一般都具有刀具长度补偿和刀具半径补偿功能。

1）刀具长度补偿

现代 CNC 系统一般都具有刀具长度补偿功能，刀具长度补偿可由数控机床操作者通过手动数据输入（MDI）方式实现，也可通过程序命令方式实现。

用 MDI 方式进行刀具长度补偿的过程是：操作者在完成零件装夹、程序原点设置之后,根据刀具长度测量基准采用对刀仪测量刀具长度 L(或 Q),然后在相应的刀具长度偏置寄存器中写入相应的刀具长度参数值。在程序运行时,数控系统根据刀具长度基准使刀具自动离开工件一个刀具长度的距离,从而完成刀具长度补偿,使刀尖走程序要求的运动轨迹。

2) 刀具半径补偿

用铣刀铣削或用线切割中的金属丝切割工件的轮廓时,刀具中心或金属丝中心的运动轨迹并不是加工工件的实际轮廓。加工内轮廓时,刀具中心要向工件的内侧偏移一个距离;加工外轮廓时,刀具中心也要向工件的外侧偏移一个距离。如果直接采用刀心轨迹编程,则需要根据零件的轮廓形状及刀具半径采用一定的计算方法计算刀具中心轨迹。当刀具半径改变时,需要重新计算刀具中心轨迹。

数控系统的刀具半径补偿就是将计算刀具中心轨迹的过程交由 CNC 系统执行,程序员假设刀具半径为零,直接根据零件的轮廓形状进行编程,而实际的刀具半径则存放在一个可编程刀具半径偏置寄存器中。加工时,数控系统根据数控加工程序和刀具半径自动计算刀具中心轨迹,完成对零件的加工。当刀具半径发生变化时,仅需对存放刀具半径的偏置寄存器中的数据进行修改即可,不需修改数控加工程序。刀具半径补偿分为刀具半径左补偿(用 G41 定义)和刀具半径右补偿(G42 定义)。

## 11.2.4 数控程序的编制

生成用数控机床进行零件加工的数控程序的过程,称为数控编程。数控加工程序编制的步骤如下。

### 1. 分析零件图和工艺处理

对零件图进行分析以明确加工内容及要求,通过分析确定该零件是否适合采用数控机床进行加工,从而确定加工方案,包括选择合适的数控机床、设计夹具、选择刀具、确定合理的走刀路线以及选择合理的切削用量等。编程的基本原则是充分发挥数控机床的效能,加工路线要尽量短,要正确选择对刀点、换刀点,以减少换刀次数。

### 2. 数学处理

在完成了工艺处理工作之后,就要根据零件图样的几何尺寸、加工路线、设定的坐标系,计算刀具中心运动轨迹,以获得刀位数据。计算的复杂程度取决于零件的复杂程度和所用数控系统的功能。一般的数控系统都具有直线插补和圆弧插补的功能,当加工由圆弧和直线组成的简单零件时,只需计算出零件轮廓的相邻几何元素的交点或切点的坐标值,得出各几何元素的起点、终点,圆弧的圆心坐标值。对于具有特殊曲线的复杂零件,往往要利用计算机进行辅助计算。

**3. 编写零件加工程序单**

根据计算出的加工路线数据和已确定的工艺参数、刀位数据,结合数控系统对输入信息的要求,编程人员就可按数控系统的指令代码和程序段格式,逐段编写加工程序单。编程人员应对数控机床的性能、程序指令及代码非常熟悉,才能编出正确的加工程序。

**4. 程序输入**

程序的输入有手动数据输入、介质输入、通信输入等方式,具体采用何种方式,主要取决于数控系统的性能及零件的复杂程度。对于不太复杂的零件常采用手动数据输入(MDI),介质输入方式是将加工程序记录在穿孔带、磁盘、磁带、U 盘等介质上,用输入装置一次性输入。由于网络技术的发展,现代 CNC系统可通过网络将数控程序输入数控系统。

**5. 校验**

程序输入数控系统后,通过试运行,校验程序语法是否有错误,加工轨迹是否正确。

## 复习思考题

11-1　数控机床由哪几部分组成?

11-2　数控编程要经过哪几个步骤?

11-3　按运动方式分类,数控机床分哪几类?

11-4　数控机床的坐标轴是如何规定的?

11-5　什么是增量坐标和绝对坐标?

11-6　半径补偿值指令有哪些?

# 第12章　数控车削加工

## 学习及实践引导

1 了解数控车床的特点及应用。

2 了解数控车床的功能及组成。

3 熟悉数控系统,掌握数控车床编程技能。

4 学习数控车床操作,完成简单回转零件的数控加工。

## 12.1　数控车床

数控车床是现今国内外使用量较大的一种数控机床,主要用于回转体零件的自动加工。可完成内、外圆柱面,内、外圆锥面,复杂旋转曲面,圆柱圆锥螺纹等型面的车削和车槽、钻孔、铰孔、攻螺纹等加工。

数控车床由机床本体、数控装置、伺服单元、驱动机构及电气控制装置、辅助装置、测量反馈装置等部分组成。除机床本体外,其他部分统称为计算机数控(CNC)系统。

一般经济型数控车床(见图12-1)基本保持了普通车床的布局形式——包括主轴箱、导轨、床身、尾座等。取消了进给箱、溜板箱、小拖板、光杠、丝杠等普通车床的进给运动部件,而由伺服电动机、减速器、滚珠丝杠等组成。进给运动由伺服电动机经减速器拖动滚珠丝杠来实现。配置了四工位自动刀架,提高换刀的位置精度,并增加半封闭防护装置。

图 12-1　经济型数控车床

# 12.2　常用加工指令

表 12-1 所示为 GSK-980T 数控车床的数控加工指令。通用的加工指令在 11 章中已经做了介绍,下面介绍一些常用指令。

表 12-1　数控车床常用加工指令

| G 代码 | 功　　能 | G 代码 | 功　　能 |
|---|---|---|---|
| G00 | 定位(快速移动) | G72 | 端面粗车循环 |
| G01 | 直线插补(切削进给) | G73 | 封闭切削循环 |
| G02 | 顺时针圆弧插补 | G74 | 端面深孔加工循环 |
| G03 | 逆时针圆弧插补 | G75 | 外圆,内圆切槽循环 |
| G04 | 暂停,准停 | G90 | 外圆,内圆车削循环 |
| G28 | 返回参考点 | G92 | 螺纹切削循环 |
| G32 | 螺纹切削 | G94 | 端面切削循环 |
| G50 | 坐标系设定 | G96 | 恒线速开 |
| G65 | 宏程序命令 | G97 | 恒线速关 |
| G70 | 精加工循环 | G98 | 每分进给 |
| G71 | 外圆粗车循环 | G99 | 每转进给 |

### 12.2.1 坐标系设定(G50)

指令格式:G50 X(U)__ Z(W)__

系统根据 G50 指令建立一个工件坐标系,X 和 Z 后面的值就是当前的刀尖点在此坐标系中的坐标位置。坐标系一旦建立后,程序中绝对坐标都是以这个坐标系内的坐标值来表示的。一般执行程序加工之前,操作者会将刀架手动停在换刀点处,所以刀具起始的 X、Z 值就是换刀点的坐标。换刀点选择在 Z 轴距离材料右端面 100~120 mm,X 轴取毛坯直径的两倍。

**例 12-1** 直径编程坐标系设定。

G50 X50.0 Z100.0(见图 12-2)。

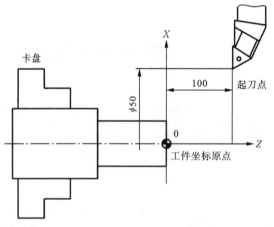

**图 12-2 G50 坐标系设定**

注意:G50 设定工件坐标系时机床并无任何移动,系统只是根据车刀架当前位置建立一个加工程序使用的坐标关系。GSK-980T 规定,如程序中无 G50,则以当前绝对坐标值为参考点。

### 12.2.2 螺纹切削(G32)

G32 指令可以切削相等导程的直螺纹,锥螺纹和端面螺纹(见图 12-3)。

指令格式:G32 X(U)__ Z(W)__ F/I__

其中:

X(U),Z(W)——螺纹终点坐标;

F/I——长轴方向的导程。F 指定公制,I 指定英制。螺纹导程方向的判断如图 12-4 所示。

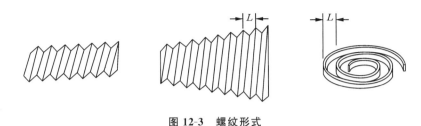

图 12-3 螺纹形式

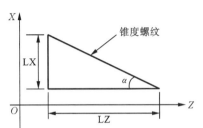

如 $\alpha \leqslant 45°$ 导程是 LZ
如 $\alpha > 45°$ 导程是 LX

图 12-4 螺纹导程方向

注意:(1) 在切削螺纹中,进给速度倍率无效,固定在 100%;

(2) 在螺纹切削中,主轴不能停止。暂停在螺纹切削中无效。

在螺纹切削开始及结束部分,一般由于升降速的原因,会出现导程不正确部分,考虑此因素影响,螺纹的加工长度应比需要长度增加引入段 $\delta_1$ 和退出段 $\delta_2$。

**例 12-2** G32 螺纹切削实例如图 12-5 所示,待加工螺纹导程 1.5 mm,$\delta_1 = 3$ mm,$\delta_2 = 1.5$ mm,在 $X$ 方向总切深 1.96 mm(直径值),拟分两次车削。

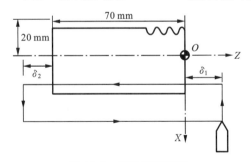

图 12-5 螺纹切削实例

······

N20  G00 X39.0 ;        首次切入 1 mm

N30  G32 W-74.5 F1.5 ;

N40  G00 U12.0 ;

```
N50    W74.5 ；
N60    X38.04 ；              第二次再切深0.96 mm
N70    G32 W-74.5 ；
N80    G00 X50.0 ；
N90    W74.5 ；
```

### 12.2.3　G92 螺纹切削固定循环

G92 可以按固定循环切削直螺纹或锥螺纹。

指令格式：G92 X(U)__ Z(W)__ R __ F/I __

其中：X(U),Z(W)——螺纹终点坐标；

R——圆锥螺纹起端与终端的半径之差,省略时为直螺纹；

F/I,螺纹导程范围 L、主轴速度限制等,与指令 G32 相同。

G92 指令如图 12-6 所示,执行四段动作,为一个循环。1、3、4 段为快速进给,2 段是与主轴转速配合的按螺纹导程 F 的切削进给——此时,F 为每转进给(mm/r),若主轴转速为 560 r/min,螺纹导程为 4 mm,则刀具的实际进给

$$F＝4 mm/r×560 r/min＝2 240 mm/min$$

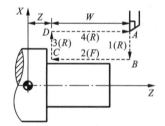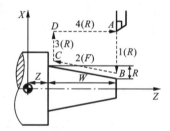

图 12-6　直/锥螺纹固定循环走刀轨迹

螺纹固定循环有自动退尾,可以不需要退刀槽,但起切段应留有 1～3 倍导程的空行距离。

采用 G92 固定循环编程如下：

```
    ⋮
N20  G00 X50.0 Z3.0 ；         定位螺纹起切点
N30  G92 X39.2 Z-71.5 F1.5 ；  分四次车削螺纹
N40  X38.6 ；
N50  X38.2 ；
N60  X38.04 ；
```

N70　G00 X50.0 Z100.0 ；　　　　回换刀点

## 12.2.4　复合循环指令

运用这组 G 代码,可以简化大余量、形状复杂零件的编程。只须指定精加工路线和背吃刀量或加工次数,数控系统会自动计算出粗加工路线和进给路线,因此编程效率更高。

### 1. G71 内/外圆粗车复合循环

指令格式：G71 U $\underline{\Delta d}$ R $\underline{e}$

　　　　　　G71 P $\underline{ns}$ Q $\underline{nf}$ U $\underline{\Delta u}$ W $\underline{\Delta w}$ F ＿ S ＿ T ＿

　　　　　　N $\underline{ns}$ …　　　　；从出发点 $A$→精车起点 $A'$

　　　　　　⋮　　　　　　　　；沿 $A'$→$B$ 的精加工路线

　　　　　　N $\underline{nf}$ …

其中：$\Delta d$——每次切削深度(半径值),无正负号,切入方向由 $A$—$A'$ 方向决定；

　　　$e$——退刀量(半径值),无正负号；

　　　$ns$——轮廓精加工起始程序段的行号；

　　　$nf$——轮廓精加工最后一个程序段的行号；

　　　$\Delta u$——$X$ 方向的精加工余量(直径值)及方向；

　　　$\Delta w$——$Z$ 方向的精加工余量及方向。

注意：

(1) 执行 G71 循环指令时,刀具首先从起点 $A$ 按余量 $\Delta u/2$、$\Delta w$ 之和退至 $C$ 点；接着沿 $A$—$A'$ 向,按每刀切入 $\Delta d$ 进行切削,沿 45°方向快速退刀($X$ 方向退刀量 $e$),快退回右侧再进刀,逐层切至 $D$ 点；然后保留精加工余量,沿着平行精车轮廓的 $D$→$E$ 间修光一刀；最后从 $E$ 点快速返回 $A$ 点,完成粗车循环,如图 12-7 所示。

(2) G71 格式内或之前指定的 F、S、T 对整个 G71 有效,N(ns)至 N(nf)程序段内 F、S、T 对 G71 无效,但对精车 G70 有效。

(3) N(ns)至 N(nf)之间为精加工程序段,起始、结束行必须指定行号 N(ns)、N(nf)。

(4) 起始行 N(ns),只能用 G00 或 G01 指令。

(5) 起始行 N(ns),只能出现 X(U)；不能出现 Z(W)值——即便 W0 或相同的 Z 值,也会报错。

(6) N(ns)至 N(nf)之间的精加工路线,只能单调递增(指外圆柱面)；或者单调递减(指内孔),不能有凹凸起伏。

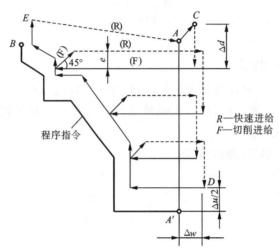

图 12-7　内/外圆粗车复合循环 G71

例 12-3　（G71 循环指令示例）加工件如图 12-8 所示，编程如下。

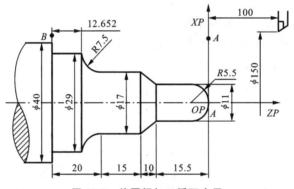

图 12-8　外圆粗加工循环应用

N10　G50 X150 Z100 ;　　　　　建立工件坐标系

N20　G00 X42 Z2 ;　　　　　　定位至起切点

N30　G71 U0.8 R0.4 ;

N40　G71 P50 Q130 U0.5 W0.2 F100 ;

N50　G00 X0 ;　　　　　　　　精车轮廓首行

N60　G01 Z0 F30 ;　　　　　　指定精车进给量

N70　G03 X11 W-5.5 R5.5 ;

N80　G01 W-10 ;

N90　X17 W-10 ;

N100　W-15 ;

N110   G02 X29 W-7.348 R7.5 ；

N120   G01 W-12.652 ；

N130   X42 ；                       精车轮廓结束行

N140   G70 P50 Q130 ；              精加工指令

  ⋮

**2. G72 端面粗车复合循环**

端面粗车复合循环加工示意如图 12-9 所示。

指令格式：G72 W △d R e

                  G72 P ns Q nf U △u W △w F __ S __ T __

                  N ns …          ；从出发点 $A$→精车起点 $A'$

                  ⋮                沿 $A'$→$B$ 的精加工路线

                  N nf…

其中：△d——$Z$ 轴向每次的切深,切入方向由 $A$—$A'$ 方向决定;

    e——$Z$ 轴向退刀量;

    ns、nf、△u、△w 的含义与 G71 的相同。

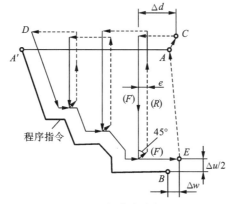

**图 12-9   端面粗车复合循环 G72**

注意：

（1）起始行 N（ns）只能用 G00 或 G01,只能出现 Z（W）值,不能出现 X（U）值。

（2）G72 不仅能进行端面循环粗车,采用切槽刀还可以利用它完成工件尾部的凹形轮廓加工。

**3. G73 固定形状粗车复合循环(仿形复合循环)**

仿形复合循环加工示意图如图 12-10 所示。

指令格式 ：G73 U △i W △k Rd

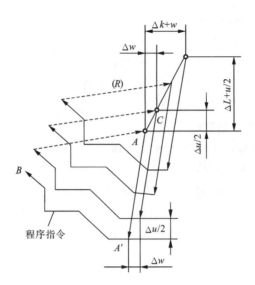

**图 12-10　仿形复合循环 G73**

G73 P ns Q nf U △u W △w F ＿ S ＿ T ＿

N ns …

⋮

N nf …

其中:△i——表示 X 轴向总退刀量(半径值);

△k——表示 Z 轴向总退刀量;

d——切削循环次数,980TA 用 0.001 表示 1 次,TD1 用整数 1 表示 1 次;

ns——精加工起始程序段的行号;

nf——精加工最后一个程序段的行号;

△u——X 方向的精加工余量(直径值)及方向;

△w——Z 方向的精加工余量及方向。

注意:

(1) G73 格式内之 N(ns)、N(nf);△u、△w ;F、S、T 含义与要求同 G71;

(2) 起始行 N(ns)也只能用 G00 或 G01 指令;但可以同时出现 X(U)和 Z(W)值,即允许同时有 X 和 Z 轴向的位移;

(3) N(ns)至 N(nf)之间的精加工轮廓可凸可凹,不必像 G71、G72 那样,只能单边递增或递减;

(4) 背吃刀量分别通过 X 轴方向总退刀量 △i 和 Z 轴方向总退刀量 △k 除以循环次数 d 求得。总退刀量 △i 与 △k 值的设定与工件的切削深度有关。

### 4. G70 精加工复合循环

在执行 G71、G72、G73 完成粗加工后,可用 G70 指令沿轮廓 $A \to A' \to B$ 精加工。

指令格式:G70 P <u>ns</u> Q <u>nf</u> F __

    N <u>ns</u> ⋯
    ⋮
    N <u>nf</u> ⋯

其中:ns——轮廓精加工起始程序段的行号;

nf——轮廓精加工最后一个程序段的行号。

注意:

(1) N(ns)至 N(nf)间程序段中的 F 进给量对 G70 有效,G70 也可以指定 F 值;

(2) 更换精车刀,应先返回到换刀点;

(3) 运用 G70,刀具必须仍然定位在执行粗加工 G71、G72、G73 指令前的起始点,否则可能发生撞刀。

## 12.2.5  综合编程示例

**例 12-4**  待加工零件如图 12-11 所示,材料为 $\phi 25 \times 80$ mm 铝合金棒料,按 GSK-980TA 数控系统要求编制加工程序。

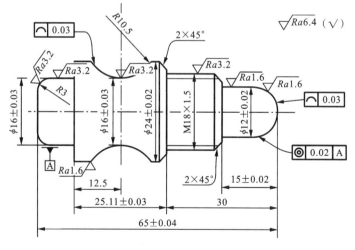

**图 12-11  综合加工实例**

工艺分析:加工件为典型轴类,包含有柱面、锥面、圆弧面和螺纹。前端形状单边递增,可采用 G71 代码编程;中段 R10.5 凹弧较深,右偏外圆刀会产生干涉,必须以螺纹刀分层仿形车削;尾段用切槽刀 G72 来加工。按 1 号 90°外圆精车刀,2 号 90°粗车刀,3 号 60°高速钢螺纹刀,4 号切断刀顺序安装刀具;换刀点定在 X50、Z100。表 12-2 所示为该零件的参考程序及说明。

表 12-2  参考程序及说明

| 参 考 程 序 | | 说　　明 |
| --- | --- | --- |
| O1002 | | 文件名 |
| N10 | G50 X50 Z100 | 以换刀点定位工件坐标系 |
| N20 | M03 S560 T0202 | 启动主轴,换 2 号刀 |
| N30 | G00 X25 Z2 M08 | 快速移动到加工出发点,开冷却液 |
| N40 | G71 U0.8 R0.4 | 执行外圆粗加工循环 |
| N50 | G71 P60 Q150 U0.5 W0.2 F100 | 留余量 X0.5 Z0.2,进给量 100 mm/min |
| N60 | G00 X-1 | 轮廓加工起始行 |
| N70 | G01 X0 Z0 F30 | |
| N80 | G03 X12 Z-6 R6 | 精车走刀路径,精车进给 30 mm/min |
| N90 | G01 Z-15 | |
| N100 | X14 | |
| N110 | X17.8 W-2 | |
| N120 | Z-30 | 车螺纹外径及 C2 倒角,螺纹大径取 17.8 mm |
| N130 | X20 | |
| N140 | X24 W-2 | |
| N150 | Z-70 | 轮廓加工结束行 |
| N160 | G00 X50 Z100 | 回换刀点,停主轴 |
| N170 | T0100 | 换 1 号精车刀 |
| N180 | S1120 M03 | 转速 1120 r/min |
| N190 | G00 X25 Z2 M08 | 移动到加工出发点 |
| N200 | G70 P60 Q150 | 执行精加工循环 |
| N210 | G00 X50 Z100 M05 | 回换刀点,停主轴 |

续表

| 参 考 程 序 | | 说　　明 |
|---|---|---|
| N220 | M00 | 暂停,测量以校正刀补 |
| N230 | M03 S50 T0303 | 换 3 号螺纹刀,减转速 |
| N240 | G00 X20 Z-10 | 定位车螺纹起点 |
| N250 | G76 P010060 Q50 R0.025 | 车导程为 1.5 的螺纹 |
| N260 | G76 X16.05 Z-27 P975 Q250 F1.5 | |
| N270 | M03 S560 | 变转速 |
| N280 | G00 X25 | 定位圆弧起点 |
| N290 | Z-34.254 | |
| N300 | G73 U4 W0 R0.005 | 用螺纹刀分 5 次车凹圆弧 |
| N310 | G73 P320 Q340 U0.5 W0 F100 | 3 号螺纹刀应该是较长的白钢刀 |
| N320 | G01 X24 Z-34.254 F30 | 车圆弧面 |
| N330 | G02 X24 Z-50.746 R10.5 | |
| N340 | G01 X25 W-0.5 | 倒角(0.5),清弧与柱面交角 |
| N350 | M03 S1120 | 增转速 |
| N360 | G70 P320 Q340 | 以 F30 精车圆弧 |
| N370 | G00 X50 Z100 | 回换刀点 |
| N380 | M03 S300 T0404 | 换 4 号切断刀,减速 |
| N390 | G00 X26 Z-65 | 定位切断起点,预切一退刀槽 |
| N400 | G01 X9.5 F30 | |
| N410 | G00 X26 | 退刀 |
| N420 | G72 W2.5 R0.5 | 用 G72 加工尾段 |
| N430 | G72 P440 Q500 U0.5 F30 | |
| N440 | G00 Z-54.5 | 进刀 |
| N450 | G01 X24 F20 | 倒角(0.5) |
| N460 | X23 W-0.5 | |

续表

| 参 考 程 序 | | 说 明 |
|---|---|---|
| N470 | X16 | 车尾段轮廓 |
| N480 | W-7 | |
| N490 | G03 X10 Z-65 R3 | |
| N500 | G01 X9.5 | |
| N510 | G00 X50 Z100 M05 | 回换刀点,停主轴 |
| N520 | M00 | 暂停,测量以校正刀补 |
| N530 | M03 S560 | 开主轴,加速 |
| N540 | G00 X26 Z-65 | 以 F20 精车尾段轮廓 |
| N550 | G70 P440 Q500 | |
| N560 | G00 X10 Z-65 | 定位切断起点 |
| N570 | G01 X-1 F10 | 切断 |
| N580 | G00 X50 Z100 M09 | 回换刀点,停冷却 |
| N590 | M05 | 停主轴 |
| N600 | T0100 | 换回基准刀 |
| N610 | M30 | 结束程序 |
| % | | |

## ⚙ | 12.3 数控车床操作

### ▣ 12.3.1 典型车床数控系统

数控系统种类繁多,现今世界范围广泛采用日本 Fanuc(见图 12-12)系列和德国 Siemens 系列,国产车床用数控系统以广州数控(见图 12-13)、华中数控为代表。

图 12-12 Fanuc Oi Mate-TC 系统控制面板

图 12-13 GSK980TA/TD1 数控系统控制面板

### 12.3.2 面板及功能键说明

下面以广州数控 GSK-980TA 为例进行介绍。GSK-980T 系列的控制键、钮集中在床身的操作控制面板上,操作控制面板由 CNC 面板、LCD 液晶显示屏和机床操作按钮区三部分组成。其中 CNC 面板区又包括：编辑键盘区、显示切换键区和机床控制面板区。该系统的控制面板功能键介绍如表 12-3 所示。

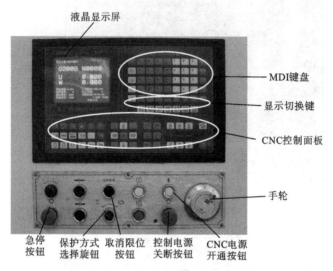

液晶显示屏

MDI键盘

显示切换键

CNC控制面板

手轮

急停按钮　保护方式选择旋钮　取消限位按钮　控制电源关断按钮　CNC电源开通按钮

**图 12-14** GSK-980TA 数控系统控制面板

**表 12-3** GSK-980TA 控制面板功能键介绍

| 按　钮 | 名　　称 | 功　能　简　介 |
|---|---|---|
|  | 编程方式 | 编程方式下可以新建、修改、删除程序 |
|  | 自动方式 | 自动方式下可以自动按程序运行加工 |
|  | 录入（MDI）方式 | 本方式可以执行 MDI 输入的一条指令 |
|  | 机械回零 | 此方式下按轴移动方向键，系统返回机械零点 |
|  | 手轮/单步方式 | 用手轮或单步方式 X、Z 轴移动 |
|  | 手动方式 | 以方向键 X、Z 轴移动 |
|  | 单段方式 | 在自动方式下单段运行程序 |

续表

| 按　钮 | 名　称 | 功　能　简　介 |
|---|---|---|
| | 机床锁住 | 锁住机床的 $X$、$Z$ 轴不运动 |
| | MST 功能锁住 | 锁住辅助功能不动作 |
| | 空运行 | 在自动方式下用于效验程序 |
| | 手轮/单步移动量 | 增量选择键分别对应:0.001 mm,0.01 mm ,0.1 mm,1 mm(若系统最大增量 0.1 mm,则对应0.1 mm) |
| | 手轮 $X$ 轴选择键 | 相对位置画面,被选择轴的相对地址字 U 闪烁 |
| | 手轮 $Z$ 轴选择键 | 相对位置画面,被选择轴的相对地址字 W 闪烁 |
| | $Z$ 轴移动方向键 | 手动方式或单步方式下,向对应方向移动刀架 |
| | $X$ 轴移动方向键 | 手动方式或单步方式下,向对应方向移动刀架 |
| | 快进键 | 以机床参数设定的值快速进给移动 $X$、$Z$ 轴 |
| | 主轴正转 | 手动或手轮/单步方式下,启动主轴正转 |
| | 主轴停止 | 手动或手轮/单步方式下,停止主轴 |
| | 主轴反转 | 手动或手轮/单步方式下,启动主轴反转 |
| | 冷却开/关键 | 冷却液开/关,带自锁功能 |

续表

| 按钮 | 名　称 | 功 能 简 介 |
|---|---|---|
|  | 手动换刀键 | 手动或手轮/单步方式下,按一次旋转一个刀位 |
|  | 进给修调 | 自动运行中,此旋钮可调整实际进给的百分比 |
|  | 快速修调 | 调整快速进给的倍率,按一次减一半 |
|  | 循环启动键 | 自动/录入方式下,启动程序运行 |
| | 进给保持键 | 自动加工中,此键可暂停加工,再按循环启动键,程序继续执行 |
|  位置 POS | 显示位置键 | 分别显示相对、绝对、综合等坐标位置 |
|  程序 PRG | 显示程序键 | 显示程序界面 |
|  刀补 OFT | 显示刀补键 | 刀具补偿量的显示和设定 |
|  设置 SET | 显示设置键 | 显示各种设置的参数,按两次可进入图形界面 |

## 12.3.3　操作说明

**1. 通断电**

1)系统通电

合上机床侧面电源总开关,松开"控制电源关"按钮——机床上电,按"CNC电源开"按钮——数控系统上电,机床可以工作。

2)系统断电

清理完机床,用"手轮"、"手动方式"将刀架移至尾座端,X向平走刀箱,按

下"控制电源关"按钮,关闭机床电源总开关。

**2. 显示切换与机械回零**

1）显示切换

CNC 编辑键区下方有 7 个显示切换键 位置程序刀补报警设置参数诊断POS PRG OFT ALM SET PAR DGN,可将屏幕显示分别切换成:位置坐标、程序、刀具偏执、报警、系统设置、参数、自诊断信息画面。每个画面又可按 、 切换子画面,如,位置 / 相对坐标→绝对坐标→联合坐标→坐标程序联合显示;又如:程序 / 程序内容→程序段值→系统信息。

2）机械回零

按 键,进入回参考点方式,按一下手动移动键 ,启动 $X$ 轴向回零;再按一下 +Z 键启动 $Z$ 轴向回零,注意:刀架接近零点时,应向负方向移动一段距离再回零。

**3. 手轮、手动方式**

1）手轮进给方式

选择 方式,并按手轮轴选择键 Z 或 X 选择运动方向(在相对位置画面,被选择轴的相对坐标地址字 U 或 W 闪烁),选择移动增量,顺时针或逆时针旋转手轮来正向或反向移动刀架。增量选择 3 档: 0.001 0.001 mm, 0.01 0.01 mm, 0.1 0.1 mm。

超程解除:刀架沿 $X$、$Z$ 轴移动,正负方向都有一个极限,超过此机床就进入"超程"状态不能动作,此时需按住[取消限位]按钮,同时用手轮向超程的反方向移动,使刀架退回正常范围。注意:按[取消限位]按钮解除超程时,刀架若继续向超程方向移动,会损坏机床。

2）手动进给方式

选择 方式,选择移动轴,机床沿着选择轴方向移动。同时按下快速进给 键,刀具在已选择的轴方向上快速进给。在位置画面,按光标移动键,可选择手动移动速率(0~1260 mm/min)。

3）手轮/手动方式下辅助机能操作

（1）手轮/手动方式下,按键 ,主轴正转启动;按键 ,主轴停止;再

按 ,主轴反转启动。注意:主轴换向启动时,必须先停转,再换向启动。

(2) 按 键,冷却液开,此键带自锁,进行"开→关→开…"切换。

(3) 按 键,刀架旋转一个刀位。注意:连续手动换刀,必须等刀架停稳后,停几秒后再按第二次,否则容易烧坏锁紧电动机。

### 4. 录入方式

按 键可进入录入(MDI)方式,屏幕显示切换成: / 到"程序段值"画面 / 按"字"输入命令,按循环启动键 ,可以按段值执行程序。

**例 12-5**  M03 / S560 或 S2 / ——机床主轴正向旋转;

T0404 / ——机床换上第四把车刀,并自动补偿。

### 5. 编辑方式

1) 新建程序

按键 进入编辑方式,显示切换到 画面,此时 显示当前文件下页内容。用键输入地址 及程序名,按 或 键,新程序建立。

注意:新程序不能与机器内已有程序同名,否则 980-TA 系统会报错。

2) 检索程序

(1) 检索方法  按地址 ,键入要检索的程序名,按光标 键。屏幕显示该程序内容,画面右上部显示程序名。

(2) 扫描法  反复按地址 ,按光标 键,可逐个显示存入的程序。

3) 程序删除

按地址 ,输入要删除程序名,按 键,对应的程序被删除。

4) 输入程序

(1) 字的输入  新建或调出程序后,把指令逐字用键入,然后按 或 键便将键入内容存储起来。

(2) 字的检索  有以下三种方法。

① 扫描法  按光标 、 键时,程序画面上,光标一个字一个字地顺向(反向)跳动。也就是说,光标移至被选择字的地址下面。

② 检索法　输入要检索的指令,按光标 ↓、↑ 键,从光标现位置开始,顺向或反向开始检索指定的字。

③ 用地址检索的方法　输入要检索地址,按光标 ↓、↑ 键,系统从现位置开始,顺向或逆向检索指定的地址。

(3) 字符的插入　光标移到要插入的前一个字符,输入要插入的指令,按 插入/INS 键。

(4) 字的变更　检索到要变更的字,键入要变更指令,按 修改/ALT 键,则新字代替了当前光标所指的字。

(5) 字的删除　检索到要删除的字,按 删除/DEL 键,当前光标所指的字被删除。

**6. 刀补录入步骤**

数控加工中,参与车削的刀具往往不止一把,各刀具形状、安装尺寸不同,换刀后刀尖空间位置不重合。而编制程序以及加工前确定零件的加工原点的过程,都是以基准刀尖为准。为保证零件合格,这就需要通过对刀操作来解决——通过偏置补偿使换刀后所有车刀与基准刀尖重合。下面详细说明相对值刀补测量、录入方法。

(1) 对 1 号刀(把 1 号刀设为基准刀),远离工件换刀　按 程序/PRG 、🔲 键,输入 T0100,按 输入/IN 、🔳 键。

对 Z 轴:按 ✋ 键,车 Z 轴端面后,沿 X 轴方向退出,Z 方向不变,按 🔲 键,输入 G50 Z0,按 输入/IN 、🔳 键。

对 X 轴:按 ✋ 键,车外圆,保持 X 方向不变,沿 Z 轴方向退出,移动到安全位置停主轴,测量外径,按 🔲 键,输入 G50 X(外径值),按 输入/IN 、🔳 键。

(2) 对 2 号刀　按 程序/PRG 、🔲 键,输入 T0200,按 输入/IN 、🔳 键。

对 Z 轴:按 ✋ 键,刀尖碰 Z 轴端面,碰到即停,按 刀补/OFT 、🔲 键,将光标移至序号为 102 处,输入 Z0.0 按 输入/IN 键。

对 X 轴:按 ✋ 键,刀尖碰外圆,碰到即停,按 刀补/OFT 、🔲 键,将光标移至序号为 102 处,输入 X 轴外径值,按 输入/IN 键。

（3）对 3、4 号刀的过程与 2 号刀相同，只是要把光标移至序号为 103、104 处。

## 12.4　加 工 操 作

### 12.4.1　调出程序

按 ⬙ 键进入编辑方式，显示切换到程序画面。输入地址 O 及程序名，按 ⬇ 键，调出待加工程序。此时屏幕显示检索程序的内容，画面右上角显示该程序名。

注意：检查或修改程序后，必须把光标回到程序开始处，再进行图形校验或自动运行。

### 12.4.2　程序图形校验

#### 1. 图形参数设置

按两次 设置 SET 键进入图形界面，翻页选择图形设置页面，按 👉 进入录入方式，显示页面如图 12-15 所示。

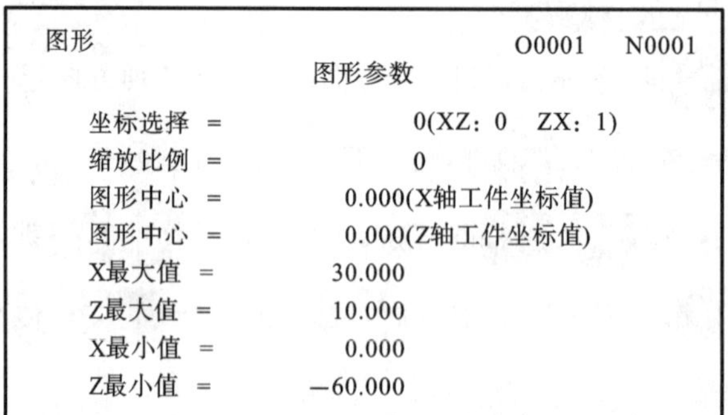

```
图形                              O0001    N0001
                      图形参数

        坐标选择  =              0(XZ：0   ZX：1)
        缩放比例  =              0
        图形中心  =       0.000(X轴工件坐标值)
        图形中心  =       0.000(Z轴工件坐标值)
        X最大值   =       30.000
        Z最大值   =       10.000
        X最小值   =        0.000
        Z最小值   =      −60.000

     序号001＝
                                        录入方式
```

图 12-15　图形参数设置界面

按 ↑ 或 ↓ 键移动光标,根据加工件大小设置图形参数。注意,980-TA
系统输入整数时应加小数点。

**2. 程序校验**

按 ▤ 键进入图形显示页面,按 ⟦ 键进入自动操作方式,按 ➡、 MST、
𝗆 键分别使状态指示区中的辅助功能机床锁住灯、MST 锁住灯及空运行指
示灯亮,进入机床锁住及空运行状态。按 **S** 开始作图,按 **I** 自动运行程序,
可通过显示刀具运动的轨迹,检验程序的正确性,运行完毕,页面显示如图 12-
16 所示。

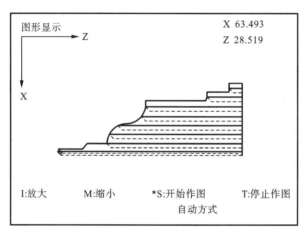

**图 12-16　刀路图形显示**

注:字母键 **T** ——作图停止(程序的校验并不停止);字母键 **R** ——清
屏键。

## 12.4.3　自动运行

确定好工件零点、测量输入完刀补,并且将 1 号基准刀退至 X50、Z100 的换
刀点后,可以正式加工。

按 ⟦ 键进入自动方式,关闭上述三个 ➡、 MST、 𝗆 键,选择合适的
"进给修调"和"快速修调",按循环启动键 **I**,可以自动运行当前程序,按进给
保持键 ◯ 可暂停,复位键 // 可终止自动运行。

复习思考题

12-1 数控车床有几种类型,加工有何特点?

12-2 数控车床由几部分组成,卧式经济型数控车床与普通车床有哪些区别?

12-3 前刀架结构数控车床执行圆弧插补时,G02、G03 的顺、逆时针方向如何判断?

12-4 根据图 12-17 所示的要求,编程加工该零件。材料为 $\phi25$ mm×70 mm,45 钢棒料。选用 1 号右偏外圆车刀、3 号 60°螺纹刀、4 号刃口宽为 2.5 mm 的切槽刀各一把。

全部 $\sqrt{Ra3.2}$

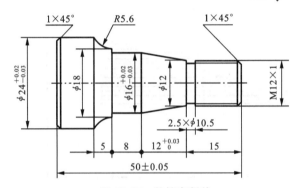

图 12-17 数控车削件一

12-5 图 12-18 所示为一创新型小工件,毛坯为 $\phi30$ mm×80 mm 铝合金或钢棒

全部 $\sqrt{Ra1.6}$

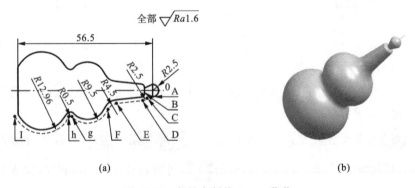

(a)                                          (b)

图 12-18 数控车削件二——葫芦

料,葫芦的前端采用外圆刀加工,轮廓用 $\phi$3.0 mm 圆弧刀加工,编制其加工程序。注意:编程基点坐标应偏移一个圆弧刀的半径值,表 12-4 列出各基点坐标。

表 12-4 创新型小工件各基点坐标

| 基点 | I | h | g | F | E | D | C | B | A | O |
|---|---|---|---|---|---|---|---|---|---|---|
| X 坐标 | 20.342 | 20.494 | 20.31 | 15.22 | 10.152 | 8.154 | 5.85 | 2 | 5 | 0 |
| Z 坐标 | −60.326 | −37.45 | −36.665 | −21.321 | −17.674 | −6.772 | −4.888 | −6 | −2.5 | 0 |

# 第 13 章　数控铣床操作与加工

## 学习及实践引导

1. 了解数控铣床的特点及应用。
2. 了解数控铣床的功能及组成。
3. 熟悉数控系统,掌握数控铣床编程技能。
4. 学习数控铣床操作,完成典型零件的数控加工。

## 13.1　数控铣床概述

数控机床集计算机技术、电子技术、自动控制、传感测量、机械制造、网络通信技术于一体,是典型的机电一体化产品,它的发展和运用,开创了制造业的新时代,数控技术水平的高低已成为衡量一个国家制造业现代化程度的核心标志,它实现加工机床及生产过程数控化,已成为当今制造业的发展方向。数控铣床是一种加工功能很强的数控机床,目前迅速发展起来的加工中心、柔性加工单元都是在数控铣床、数控镗床的基础上产生的,两者都离不开铣削方式。由于数控铣削工艺最复杂,需要解决的技术问题也最多,因此人们在研究和开发数控系统及自动编程语言的软件时,也一直把铣削加工作为重点。

数控铣床是机床设备中应用非常广泛的加工机床,它可以进行平面铣削、平面型腔铣削、外形轮廓铣削、三维及三维以上复杂型面铣削,还可进行钻削、

镗削、螺纹切削等孔加工。加工中心、柔性制造单元等都是在数控铣床的基础上产生和发展起来的。

### 13.1.1　数控铣床结构

数控铣床分为立式数控铣床、卧式数控铣床、龙门式数控铣床等。

数控铣床主要由输入/输出装置、计算机数控系统、主轴控制单元、速度控制单元、位置检测反馈装置、主轴、床身、工作台等组成。可以完成基本的铣削、镗削、钻削、攻螺纹及自动加工循环等工作,能够加工复杂的凸轮、样板、模具等零件。

### 13.1.2　数控铣床的主要加工对象

数控铣床主要用于各种黑色金属、有色金属及非金属的平面轮廓零件、空间曲面零件的加工及孔加工。

（1）平面轮廓零件　各种盖板、凸轮以及飞机整体结构中的框、肋等。

（2）空间曲面零件　各类模具中常见的各种曲面。

（3）螺纹　内、外螺纹,圆柱螺纹,圆锥螺纹等。

## 13.2　数 控 系 统

按照需要数控铣床可以配置不同的数控系统,各系统的显示界面和按键布局有很大区别,但在按钮、开关、部分按键功能的使用上差别不大。下面以发那科 FANUC Oi MC（见图 13-1）、广州数控 GSK983Ma（见图 13-2）、西门子 SINUMERIK 802S（见图 13-3）铣床数控系统控制面板为例介绍各系统常用按键的功能（见表 13-1）。

图 13-1　FANUC Oi-MC

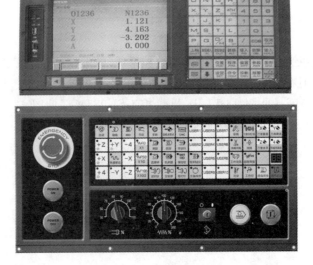

图 13-2　广州数控 983Ma

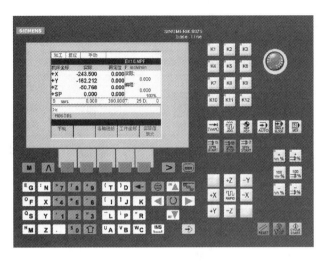

图 13-3 西门子 SINUMERIK 802S

表 13-1 各系统按键功能表

| 名　称 | 按 键 图 示 | | | 功 能 说 明 |
|---|---|---|---|---|
| | FANUC Oi Mate | GSK983Ma | SINUMERIK 802S | |
| 复位键 | | | | 解除报警或停止程序运行 |
| 循环暂停键 | | | | 循环停止（程序暂停） |
| 循环启动键 | | | | 循环启动（程序运行） |
| 手动方式键 | | | | 手动直接移动工作台或主轴 |
| 回参考点键 | | | | 手动模式回参考点 |
| 自动方式键 | | | | 进入自动循环模式 |
| 单段控制键 | | | | 控制程序单段运行 |

续表

| 名 称 | 按 键 图 示 | | | 功 能 说 明 |
|---|---|---|---|---|
| | FANUC Oi Mate | GSK983Ma | SINUMERIK 802S | |
| 手动数据键 | | | | 直接通过操作面板输入一段NC程序并运行 |
| 软菜单键 | | | | 按此键选择相应的功能 |
| 编辑方式键 | | | 程序 | 进入程序编辑方式 |
| 光标移动键 | | | | 移动光标 |
| 翻页键 | | | | 翻页显示 |
| 上档键 | SHIFT | 上档 SHIFT | | 切换按键输入 |
| 手动方向键 | +Z -Y +4 / +X ~ -X / -4 +Y -Z | +Z +Y -4 / +X 快速移动 -X / +4 -Y -Z | +Z -Y / +X RAPID -X / +Y -Z | 手动方式下移动 X、Y、Z 轴或第四轴 |
| 快速移动键 | ~ | 快速移动 | RAPID | 手动方式下快速移动 X、Y 或 Z 轴 |
| 主轴正转 | 正转 | 逆时针 | SPIN START | 手动方式下主轴正转 |
| 主轴停止 | 停止 | 主轴停 | SPIN STOP | 手动方式下主轴停止 |
| 主轴反转 | 反转 | 顺时针 | SPIN START | 手动方式下主轴反转 |

续表

| 名　　称 | 按 键 图 示 | | | 功 能 说 明 |
|---|---|---|---|---|
| | FANUC Oi Mate | GSK983Ma | SINUMERIK 802S | |
| 进给倍率调整 | | | | 进给速度倍率调节 |
| 转速倍率调整 | | | | 主轴转速倍率调节 |

# 13.3　数控铣床加工操作

## 13.3.1　加工准备

### 1. 刀具安装

数控铣床常用的刀具有平底铣刀、球头铣刀、钻头、丝攻等，刀具通过刀柄与主轴相连，刀柄通过拉钉和主轴内的拉刀装置固定在主轴上。刀柄与主轴孔的配合锥面一般采用 7∶24 的锥度，应用最为广泛的是 BT40、BT50 系列刀柄。

1）刀具在刀柄中的安装步骤

（1）根据加工要求和所用刀具，选择对应的刀柄和弹簧夹头（见图 13-4）。

（2）将刀柄装入锁刀器，刀柄卡槽对准锁刀器的凸起部分，用月牙形扳手松开锁紧螺母，锁刀器和月牙形扳手如图 13-5 所示。

（3）将刀具装入弹簧夹头。

（4）将弹簧夹头和刀具压入刀柄中，用月牙形扳手锁紧螺母，刀具在刀柄中安装完毕。

图 13-4　刀柄和弹簧夹头

**图 13-5　锁刀器和月牙形扳手**

2）刀柄在机床上的装卸步骤

（1）安装刀柄时，左手握住刀柄，将刀柄的键槽对准主轴端面键并垂直伸入到主轴内，不可倾斜，右手按下换刀按钮，直到刀柄锥面与主轴锥孔完全贴合后，松开按钮，刀柄即被自动夹紧，确认夹紧后方可松手，换刀完毕。

（2）卸刀时数控铣床应处于静止状态，主轴停止转动。用左手握住刀柄，防止卸刀时刀柄掉落，再用右手按下换刀按钮，取下刀柄。

**2. 数控铣床常用夹具**

1）机用平口钳

在铣削形状比较规则的零件时常用机用平口钳装夹。机用平口钳是利用螺杆或其他机构使两钳口做相对移动而夹持工件的工具。如图 13-6 所示，它由底座、钳身、固定钳口和活动钳口以及使活动钳口移动的传动机构组成。

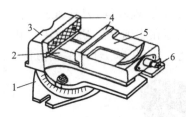

**图 13-6　机用平口钳的结构**

1—底座；2—钳身；3—固定钳口；
4—钳口垫；5—活动钳口；6—螺杆

（1）机用平口钳的安装与校正　一般情况下，平口钳应处在工作台长、宽方向中间部位以便操作，钳口平面应与卧式铣床主轴轴线垂直，与立式铣床纵向进给方向平行，安装平口钳时必须先将底面和工作台面擦干净。对于加工要求不高的工件，平口钳可用定位键安装。对于加工较高精度的工件，必须对固定钳口进行校正。

为使钳口的校正精确无误，常用百分表校正固定钳口。校正时，使钳口与横向或纵向工作台轴线平行，以保证铣削加工精度，如图 13-7 所示。具体操作如下：

校正时，将磁性表座吸附在机床主轴部分，安装百分表，使表的测量杆与固定钳口平面垂直，测量触头触到钳口平面，测量杆压缩 0.3～0.5 mm，纵向移动工作台，观察百分表读数，若在固定钳口全长内一致，则表明固定钳口与工作台进给方向平行。固定钳口与工作台进给方向平行校正好后，用相同的方法，升

降主轴,校正固定钳口和工作台平面的垂直度。

（2）机用平口钳装夹工件与校正 使用机用平口钳装夹工件时,工件的被加工面必须高出钳口,否则就要用平行垫铁垫高工件。为了不使钳口损坏和保护已加工表面,夹紧工件时在钳口处垫上铜片。若工件的刚度不高时,需要增加支承,以免夹紧力使工件变形。

工件安装后必须进行找正,一般用百分表或杠杆表与磁性表座配合使用来完成。找正时将表座吸在机床主轴上,百分表安装在表座接杆上,使测头轴线与测量基准面相垂直,测头与测量面接触后,再向内移动百分表使指针转动2圈左右,移动机床工作台,校正被测量面相对于 $X$、$Y$ 或 $Z$ 轴 方向的平行度。如图 13-8 所示。

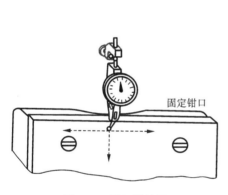

图 13-7　平口钳校正

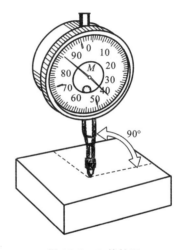

图 13-8　工件校正

2）组合压板安装工件

组合压板装夹工件是铣削加工的最基本方法,也是最通用的方法,使用时利用 T 形槽螺钉和压板将工件固定在机床工作台上即可（见图 13-9）。装夹工件时,需根据工件装夹精度要求,用百分表等找正工件,或使用其他的定位方式定位。

使用压板时应注意以下几点。

（1）必须将工作台面和工件底面擦干净,不能拖拉粗糙的铸件、锻件等,以免划伤台面。在工件的光洁表面或材料硬度较低的表面与压板之间,必须安置垫片（如铜片或厚纸片）,这样可以避免表面因受压力而损伤。

（2）压板的位置要安排妥当,应压在工件刚度最高的地方,不得与刀具发生干涉,夹紧力的大小也要适当,否则会产生变形。

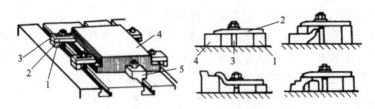

（a）工件装夹　　　　（b）压板形式

**图 13-9　螺钉压板装夹工件**

1—垫块；2—压板；3—螺钉、螺母；4—工件；5—定位块

（3）支承压板的支承块高度要与工件相同或略高于工件，压板螺栓必须尽量靠近工件，以增大压紧力。螺母必须拧紧，否则会因压力不够而使工件移动，以致损坏工件、刀具和机床，甚至发生意外事故。

### 13.3.2　数控铣床基本操作

下面以广州数控 GSK983Ma 铣床数控系统为例进行介绍。

**1. 电源接通和断开**

1）电源接通

（1）确认机床各部位连线正确、安装稳固。

（2）接通机床电源（在机床后部的电器柜侧面）。

（3）按住机床操作面板上的按钮 1～2 s 即接通数控系统电源。

（4）电源接通数秒钟后，LCD 上应有图像显示。

（5）按下急停按钮。

2）电源断开

（1）机床操作面板上的循环启动按键指示灯应熄灭。

（2）机床可动部件停止运动。

（3）按下急停按钮。

（4）以上确认后，按住机床操作面板上的按钮 1～2 s 即断开数控系统电源。

（5）切断机床电源。

注：接通和断开电源时，勿按 MDI 键盘上的键。

**2. 回参考点**

按 键，选择各轴的回零方向使各轴向参考点移动，机床在参考点停止，

返回参考点结束指示灯点亮。

**3．手动方式**

按 键，屏幕显示机床坐标，选择运动轴，机床将沿选择方向移动，可根据需要选择进给速度。

在移动过程中可同时按 键，使轴移动速度加快，可选择快速移动倍率F0、F25％、F50％和F100％中的任意一个。

**4．手摇进给**

用手摇脉冲发生器，对机床的进给进行精确调整。

按 键，通过手摇脉冲发生器上的旋钮 选择移动轴，旋转手摇脉冲发生器的手摇盘使其移动，通常顺时针旋转向＋方向移动，逆时针旋转向-方向移动，可通过手持单元带有的选择开关 选择移动量，×1 表示移动量乘 1，×10 表示移动量乘 10，×100 表示移动量乘 100。

**5．MDI 模式（手动数据输入）**

通过 MDI 和机床操作面板可以实现手动数据输入。

按机床操作面板上的 键，输入所需要的指令后，按 键即可执行 MDI 方式下的指令。

**6．对刀**

对刀的目的是通过刀具或工具确定工件坐标系与机床坐标系之间的空间位置关系，并将对刀数据输入到相应的存储位置。它是数控加工中最重要的操作内容，其准确性将直接影响零件的加工精度。对刀的方法有试切法对刀和工具对刀两种：试切法对刀是利用铣刀与工件相接触时产生切屑或摩擦声来找到工件坐标系原点的机床坐标值，它适用于工件表面要求不高的场合；对于模具或表面要求较高的工件须采用工具对刀，通常选用偏心式寻边器或光电式寻边器进行 $X$、$Y$ 轴工件坐标原点的确定，利用 $Z$ 轴设定器进行 $Z$ 轴工件坐标原点的确定或进行刀具长度补偿的设置，如图 13-10 所示。

1）试切法对刀

（1）$X$、$Y$ 向对刀的步骤如下。

① 将工件通过夹具装在机床工作台上并找正，装夹时，工件的四个侧面都应留出寻边器的测量位置。

② 移动工作台和主轴，让刀具靠近工件的左侧。

③ 改用手轮操作，让刀具慢慢接触到工件左侧，注意有切屑飞出即可。

（a）偏心式寻边器　（b）光电式寻边器　（c）光电式Z轴设定器　（d）指针式Z轴设定器

图 13-10　对刀工具

④ 按 位置/POS 键,按 目 键,采用相对坐标系的位置显示,按 X 键,等待屏幕上 X 闪烁,按 上档/SHIFT 键,则 X 坐标值清零。

⑤ 抬起刀具至工件上表面之上,快速移动工作台和主轴,让刀具靠近工件右侧。

⑥ 改用手轮操作,让刀具慢慢接触到工件右侧,注意有切屑飞出即可。记下此时坐标系中的 X 坐标值(如显示的 110)。

⑦ 提起刀具,然后将刀具移动到工件的 X 中心位置,中心位置的坐标值 $110.000/2=55$,然后按下 X 键,按 上档/SHIFT 键,将坐标设置为 0,查看并记下此时机械坐标系中的 X 坐标值,此值为工件坐标系原点在机械坐标系中的 X 坐标值。

同理可测得工件坐标系原点在机械坐标系中的 Y 坐标值。

（2）Z 向对刀。

① 转动刀具,快速移动到工件上表面附近。

② 改用手轮操作模式,让刀具慢慢接触到工件上表面,直到发现有少许切屑为止。

③ 按 位置/POS 键,按 目 键,采用相对坐标系的位置显示,按 Z 键,等待屏幕上 Z 闪烁,按 上档/SHIFT 键,则 Z 坐标值清零。

2）工具对刀操作步骤

采用寻边器对刀时,对刀方法与试切法对刀一致,无需启动主轴,寻边器安装与刀具的安装方法一致。

**7. 工件原点偏移量的设定和显示**

在手动模式下,通过对刀测量工件上的编程原点,把编程原点对应的机床坐标值存入所选择的机床零点偏置寄存器 G54 至 G59 的一个中。

操作步骤如下。

(1) 按两次 偏置 键，显示工件偏移页面。

(2) 按 ▤ 键，由两个页面中显示需要的页面，每个页面显示的内容如下。

① 页面1(工件坐标偏置 01)

EXT：工件坐标系偏移量。

G54：工件坐标系 1 的工件原点偏移量。

G55：工件坐标系 2 的工件原点偏移量。

G56：工件坐标系 3 的工件原点偏移量。

② 页面2(工件坐标偏置 02)

G57：工件坐标系 4 的工件原点偏移量。

G58：工件坐标系 5 的工件原点偏移量。

G59：工件坐标系 6 的工件原点偏移量。

(3) 把光标移到要改变的号码位置上。按光标↑或↓ 键，使光标顺次移动。移动的光标超过页面时，即转换到下一页面。

(4) 方式选择可置于任意位置。

(5) 可采用下述方法进行设置：

输入方法1 键入 $X$、$Y$、$Z$ 和要改变或设定的工件坐标系偏移量，按 输入 按钮。

输入方法2 键入 X 0，然后按" 测 量 "软键，即可自动将当前的机床坐标值设定到要改变的工件坐标系的工件原点偏移量位置上($Y$、$Z$ 轴同上)。

**8. 刀具位置偏移量设置**

刀具补偿主要用于刀具的半径补偿和长度补偿，由于数控铣床无刀库不能自动换刀，因此刀具长度补偿一般较少使用，换刀后重新设置 G54 中 $Z$ 值即可。

刀具半径补偿量的设定及显示

(1) 按 偏置 按键，进行设定。

(2) 按 ▤ 按键，显示所需要的页面。

(3) 把光标移到要改变的位置偏移号码的位置上，可采用下述两种方法之一。

方法1：连续按光标按键，光标将按顺序移动。移动的光标超过页面，画面即转到下一个页面。

方法 2:键入 N、位置偏移号后,按 输入INPUT 键。

(4) 方式选择可置于任意位置。

(5) 键入 P、位置偏移量后,按 输入INPUT 键。

图 13-11 所示为在位置偏移编号为 19,键入数据 P15.4,按 输入INPUT 键时显示的画面。

偏置 第02页
O0013 N0013
序号 数据
0013 000.000
0014 000.000
0015 000.000
0016 000.000
0017 000.000
0018 000.000
序号 数据
0019 015.400
0020 000.000
0021 000.000
0022 000.000
0023 000.000
0024 000.000
相对坐标
X 2.607
Y -27.589
Z -272.012
A 0.000
P
LSK *** ABS 录入
18:17:58
偏 置
工件偏置

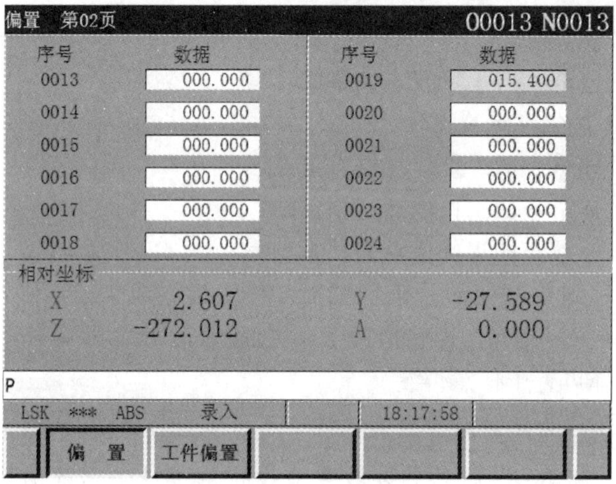

**图 13-11 刀具位置偏移量设置**

**9. 选择和启动加工程序**

存储器内存储的程序启动运行的步骤如下。

(1) 选择程序号 可用下列方法进行程序号检索。

方法 1:选择编辑或自动方式。按程序键。输入 O 和要检索的程序号,按光标 ↓ ,检索完了时,显示其程序的页面。

方法 2:选择自动方式。按 程序PRG 键,依次按 O、取消CAN 、光标 ↓ ,显示已存储的下一个程序。

方法 3:选择编辑方式。按 程序PRG 键,依次按 O、光标 ↓ ,显示已存储的下一个程序。另外,继续按光标 ↓ 时,依次显示已存储的程序,用于检查已存储的程序号。

(2) 选择自动工作方式。

（3）按循环启动按钮：按下  按钮，开始自动运行。同时"循环启动"指示灯点亮。

**10. 利用 USB 接口从 U 盘输入加工程序到存储器**

操作步骤如下。

（1）按下 NC 单元上的 程序PRG 按键，LCD 可以显示程序的相关画面。

（2）按下小键盘上的扩展键，画面即可显示 U 盘操作、DNC 存储区、DNC ＋ 程序的页面选择（见图 13-12）。

**图 13-12 可供选择的画面**

（3）按下小键盘上 U盘操作 按键，画面即可显示操作选项；操作选项中的内容可以利用上下光标键移动黄色光标来选择（见图 13-13）。

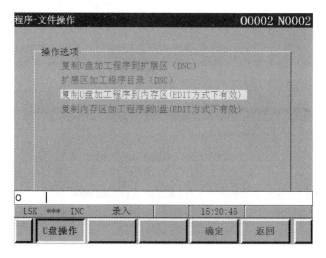

**图 13-13 U 盘操作画面**

（4）黄色光标移动到"复制 U 盘加工程序到内存区"的位置后，按 确定 键后即可显示 U 盘内加工程序的文件目录（见图 13-14）。

（5）可以利用上、下光标键移动蓝色光标选择所需的加工程序；按下小键盘上 复制 按键，即可把加工程序传输到存储器；当加工程序复制完成后，画面

图 13-14　复制 U 盘加工程序到内存区的画面

会自动提示复制完成(见图 13-15);显示屏右上方的程序号与程序序号也相应改变;如果工作方式不是在编辑方式下按了 [复制] 键,画面会自动提示只有编辑工作方式下操作有效的提示。

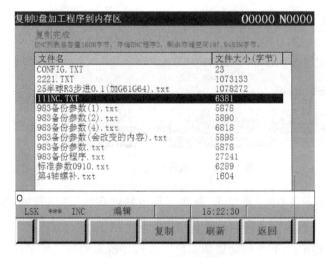

图 13-15　复制完成画面

**11. 用键输入程序**

用 NC 单元可以直接把程序存入存储器。

（1）选择编辑方式。

（2）按 程序/PRG 按键，显示现程序。

（3）输入要存储程序的程序号，按 O＋4 位数字（如 O0001），插入/INS，则变为新的画面，再按 EOB 键，插入/INS，完成后即可输入新的程序段（程序保护锁打开有效）。

（4）键入一段程序段，例如，输入 G92 X500.0 Y200.0 M12；即可。

（5）若键入字符有错，按 取消/CAN 开始一个接一个地抹消已键入的字。若程序段的字符超过 32 个，则该程序不能输入。此时可用适当的断点分割该程序段。

（6）若已键入程序无错，按 插入/INS。

（7）以这种方法依次输入程序段。

（8）要改正已输入的程序段，操作方法与程序编辑一节的相同。

（9）重新启动时，连续移动光标到最后输入的字符位置本操作与插入操作相同。

（10）当全部程序已经输入、操作完毕时，如要返回开头，可按复位键。

## 复习思考题

13-1　数控铣床对刀方法有哪几种？试用一种方法举例说明圆形材料对刀过程，编程原点设在材料上表面圆心。

13-2　数控铣床更换刀具后，可用何种方法进行刀具长度的设置和补偿，以保证编程时设定的刀具长度都一致？

13-3　数控铣床主要加工哪几类零件？

13-4　对于复杂零件，由于数控程序长，通常采用什么方式传输给数控机床？

13-5　试自行设计一个零件并编程，然后在数控机床上完成加工。

# 第 *14* 章 电火花加工

电火花加工是利用电蚀作用原理,对金属工件进行加工的一种工艺方法。它既可以加工一般材料的工件,也可以加工传统切削方法难以加工的各种高熔点、高强度、高韧度的金属材料及角度要求高的工件,特别适合模具零件的加工。因此,电火花加工在模具加工领域中得到了广泛的应用。其中火花线切割加工和电火花成形加工的应用最为广泛。此章将以这两种加工工艺进行阐述。

## ⚙ 14.1  电火花成形加工

### 🔲 14.1.1  电火花成形加工的基本原理、特点

#### 1. 数控电火花成形加工的基本原理

电火花成形加工的基本原理是:被加工的工件做工件电极,石墨或者紫铜

做工具电极,脉冲电源发出一连串的脉冲电压,加到工件电极和工具电极上,此时两电极淹没于具有一定绝缘性能的工作液中。在自动进给调节装置的控制下,当两电极与工件的距离小到一定程度时,在脉冲电压的作用下,两极间最近处的工作液被击穿,形成瞬时放电通道,产生瞬时高温,使金属局部熔化甚至汽化而被蚀除,形成局部的电蚀凹坑。这样随着相当高的频率连续不断地重复放电,工具电极不断地向工件进给,就可以将工具电极的形状复制到工件上,加工出所需要的和工具形状阴阳相反的零件。其加工原理如图 14-1 所示。

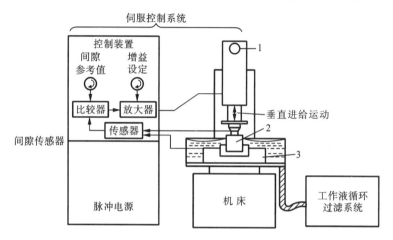

**图 14-1 数控电火花成形加工原理图**
1—进给机械;2—电极;3—工件

数控电火花成形机床根据控制方式可以分为普通数显电火花成形机床、单轴数控电火花成形机床和多轴数控电火花成形机床;数控电火花成形机床根据机床结构可以分为固定立柱式数控电火花成形机床、滑枕式和龙门式数控电火花成形机床;数控电火花成形机床根据电极交换方式可以分为手动式和主动式数控电火花成形机床。

**2. 数控电火花成形加工的特点**

(1)采用成形电极进行无切削力加工。

(2)电极相对工件做简单或复杂的运动。

(3)工件与电极之间的相对位置可手动控制或自动控制。

(4)加工一般浸泡在工作液中进行。

(5)一般只能用于加工金属等导电材料,只有在特定条件下才能加工半导体和非导电体材料。

(6)加工速度一般较慢,效率较低,且最小角部半径有限制。

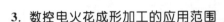

### 3. 数控电火花成形加工的应用范围

由于电火花成形加工具有许多传统切削加工所无法比拟的优点,因此其应用领域日益扩大,目前已广泛应用于机械(特别是模具制造)、宇航、航空、电子、电机、电器、精密微细机械、仪器仪表、汽车、轻工等行业,以解决难加工材料及复杂形状零件的加工问题。其加工范围已达到小至几十微米的小轴、孔、缝,大到几米的超大型模具和零件。

电火花成形加工具体应用范围如下。

(1) 高硬脆材料。

(2) 各种导电材料的复杂表面。

(3) 微细结构和形状。

(4) 高精度加工。

(5) 高表面质量加工。

## 14.1.2  电火花成形加工设备

电火花成形加工机床由于功能的差异,导致在布局和外观上有很大的不同,但其基本组成是一样的,都由脉冲电源、控制装置、工作液循环系统、伺服进给系统、基础部件等组成,如图 14-2 所示。

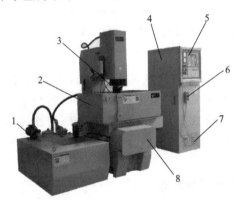

**图 14-2  电火花成形加工机床的基本组成**
1—工作液循环系统;2—工作台及工作液箱;3—主轴头;4—数控装置;
5—操作面板;6—手动盒;7—脉冲电源;8—伺服进给系统

### 1. 主轴头

主轴头是电火花成形加工机床的一个关键部件,由伺服进给机构、导向和防扭机构、辅助机构三部分组成,控制工件与工具电极之间的放电间隙。

**2. 进给装置**

火花放电加工是一种无切削力不接触的加工手段,要保证加工继续,就必须始终保持一定的放电间隙。这个间隙必须在一定的范围内,间隙过大就不能击穿放电介质,过小则容易短路。因此,电极的进给速度必须大于电腐蚀的速度。同时,电极还要频繁地靠近和离开工件,以便于排渣,而这种运动是无法用手动来控制的,故必须由伺服系统来自动控制电极的运动。

**3. 工作液循环过滤装置**

电火花成形加工用的工作液循环过滤系统包括工作液泵、容器、过滤器及管道等。工作液循环过滤装置的过滤对象主要是金属粉屑和高温分解出来的炭黑。

**4. 脉冲电源**

电火花成形加工用脉冲电源的原理及作用与电火花线切割相同。脉冲电源作为数控电火花成形机床的主要组成部分,对电火花加工的效率、表面质量、加工过程中的稳定性及工具电极的损耗等技术经济指标有很大的影响,应予足够的重视。

**5. 工作台和工作液箱**

工作台主要用来支承和装夹工件。在实际加工中,通过转动纵向丝杠来改变电极和工件的相对位置。工作台上装有工作液箱,用来容纳工作液,使电极和工作液浸泡在工作液中,起到冷却和排屑的作用。

**6. 工具电极**

工具电极材料必须具有导电性能良好、电腐蚀困难、电极损耗小,并且具有足够的机械强度、加工稳定、效率高、材料来源丰富、价格便宜等特点。

**7. 工作液**

电火花成形加工时,工作液的作用有消电离、排除电蚀产物、冷却、增加蚀除量的作用。要保证正常的加工,工作液应满足以下基本要求:有较高的绝缘性,有较好的流动性和渗透能力,能进入窄小的放电间隙;能冷却电极和工作表面,把电蚀产物冷凝,扩散到放电间隙之外;此外,还应对人体和设备无害,安全和价格低廉。电火花成形加工中常用的工作液有油类有机化合物、乳化液、水 三种。

## 14.1.3 电火花成形加工工艺基本规律

**1. 影响材料的放电蚀除速度的主要因素**

1)极性效应

从提高加工效率和降低工具电极损耗的角度来考虑,极性效应越显著越好,在实际加工中,应当充分利用极性效应的积极作用。

2)电参数的影响

(1)脉宽 在峰值电流不变的情况下,脉宽加大时,加工速度越高,生产效率相应提高,但当脉宽太大时,因为扩散的能量加大,反而会使生产率下降。

(2)脉冲间隔 脉冲间隔减小,放电频率提高,生产率相应提高,但当脉冲频率提高到一定数值后,反而使生产率下降。

(3)放电脉冲平均功率 在正常下,加工速度与平均速度成正比,即增大单个脉冲能量及减少脉冲间隔,一般均有利于提高加工速度。但随着单个脉冲能量的增加,工件表面粗糙度也随之增加。而脉冲间隔过短,来不及消电离,则易产生电弧放电而损伤工件。所以,在实际应用中要综合考虑利弊,选择合适的电参数。

3)材料

工件材料的熔点和沸点越高,热容量越大,加工速度越低。导热性能好,一般也有利于加工速度的提高。此外,材料的组织结构对加工速度也有一定的影响,而材料的硬度、强度等则对加工速度影响不大。

4)面积效应

加工电流一定时,面积过小会导致加工速度的下降。

**2. 影响加工表面质量的主要因素**

(1)表面粗糙度 电火花加工表面粗糙度和加工速度之间有着很大的矛盾。如当表面粗糙度 $Ra$ 由 $2.5\ \mu m$ 提高到 $1.25\ \mu m$ 时,加工速度将低于原加工速度的 $1/10$。目前电火花加工的表面粗糙度最高加工水平已经达到 $0.02\ \mu m$。

(2)表面组织变化层 放电加工对工件的表面物理、化学和力学性能均有影响。如未经淬火的钢在电火花加工后,表面有淬火现象。

(3)表面微观裂纹 电火花成形加工表面由于熔化后再凝结,所以存在较大的抗应力,有时候存在微裂纹。因此在粗加工后,应进行精加工,将变化层的速度尽量减少,以满足工件的使用要求。

**3. 影响加工精度的主要因素**

影响电火花成形加工精度的因素很多,除电火花成形加工机床的机械强度、传动精度、控制精度及电极装夹精度等非电火花加工工艺因素对加工精度有直接影响外,影响电火花成形加工精度的工艺因素还有放电间隙的大小及其一致性和工具电极。

# 14.2　电火花线切割加工

## 14.2.1　电火花线切割加工概述

### 1. 电火花线切割加工的基本原理

电火花线切割加工（wire cut electrical discharge machining，WEDM）简称"线切割"，是电火花加工的一个分支，它是利用移动的细金属丝作为工具电极，在金属丝与工件间施加脉冲电压，利用脉冲放电的电腐蚀作用对工件进行切割加工。由于后来使用数控技术来控制工件和金属丝的切割运动，因此常称为数控线切割加工。其加工原理如图 14-3 所示。

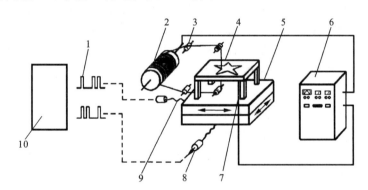

**图 14-3　数控线切割机床加工原理图**

1—电脉冲信号；2—储丝轮；3—导轮；4—工件；5—切割台；
6—脉冲电源；7—垫铁；8—步进电动机；9—丝杠；10—数控装置

电火花数控线切割加工时电极丝接脉冲电源的负极，工件接脉冲电源的正极。当一个电脉冲到来时，在电极丝与工件间产生一次火花放电，在放电通道的中心温度可高达 10 000 ℃以上，高温使放电点的工件表面金属熔化甚至汽化，电蚀形成的金属微粒被工作液清洗出去，工件表面形成放电凹坑，无数凹坑组成一条纵向的加工线。控制器通过进给电机控制工作台的动作，使工件沿预定的轨迹运动，从而将工件切割成一定形状。

线切割机床分为两大类，高速走丝线切割机床和低速走丝线切割机床，其主要区别在于:高速走丝机床采用钨钼电极丝作为工具电极,往复走丝,重复使用,走丝速度达到 5~10 m/s;低速走丝机床采用黄铜丝作为工具电极,单向走丝,电极丝一次使用,走丝速度为 3~5 m/min。我国主要生产高速走丝线切割机床。近年来,出现快走丝的升级产品——中走丝电火花线切割机床。中走丝电火花线切割(medium-speed wire cut electrical discharge machining, MS-WEDM),属往复高速走丝电火花线切割机床范畴,是在高速往复走丝电火花线切割机上实现多次切割功能,被俗称为"中走丝线切割"。所谓"中走丝"并非指走丝速度介于高速与低速之间,而是复合走丝线切割机床,即走丝原理是在粗加工时采用高速(8~12 m/s)走丝,精加工时采用低速(1~3 m/s)走丝,这样工作相对平稳、抖动小,并通过多次切割减少材料变形及钼丝损耗带来的误差,使加工质量也相对提高,加工质量可介于高速走丝机与低速走丝机之间。

**2. 电火花线切割加工的特点**

(1)由于电极工具是直径较小的细丝,故脉冲宽度、平均电流等不能太大,加工工艺参数的范围较小。

(2)采用水或水基工作液,不会引燃起火,容易实现无人安全运行。

(3)电极丝通常比较细,可以加工窄缝及形状复杂的工件。由于切缝窄,金属的实际去除量很少,材料的利用率高,尤其在加工贵重金属时,可节省费用。

(4)无须制造成形工具电极,大大降低了成形工具电极的设计和制造费用,可缩短生产周期。

(5)自动化程度高,操作方便,加工周期短,成本低。

**3. 电火花线切割加工的适用范围**

(1)模具加工  适用于加工各种形状的冲模。调整不同的间隙补偿量,只需一次编程就可以切割凸模、凸模固定板、凹模及卸料板等。

(2)新产品试制  在新产品试制过程中,利用线切割可直接切割出零件,不需要另行制造模具,可大大降低试制成本和周期。

(3)加工特殊材料  对于某些高硬度、高熔点的金属材料,用传统的切削加工方法几乎是不可能的,采用电火花线切割加工既经济、质量又好。

## 14.2.2 电火花数控线切割加工的工艺指标

(1)切割速度  单位时间内电极丝中心所切割过的有效面积,单位为 $mm^2/min$。影响切割速度的主要因素如下。

① 走丝速度  走丝速度越快,切割速度越快。

② 工件材料  按切割速度大小排列顺序:铝、铜、钢、铜钨合金、硬质合金。

③ 工作液　高速走丝线切割加工的工作液一般由乳化油与水配置而成,不同牌号的乳化油适应不同的工艺条件。

④ 电极丝的张力　电极丝的张力适当取高一些,切割速度将会增加。

⑤ 脉冲电源　切割速度可用下述公式近似表示为

$$v_w = K_1 t_k^{1.1} I_p^{1.4} f$$

式中:$v_w$——切割速度($\text{mm}^2/\text{min}$);

　　$K$——常数,根据工艺条件而定;

　　$t_k$——脉冲宽度($\mu\text{s}$);

　　$I_p$——脉冲峰值电流(A);

　　$f$——放电频率(Hz/s)。

(2) 表面粗糙度　表面粗糙度通常采用轮廓算术平均偏差 $Ra(\mu\text{m})$ 来表示。高速走丝线切割一般的表面粗糙度为 $Ra\ 5\sim2.5\ \mu\text{m}$,最佳只有 $Ra\ 1\ \mu\text{m}$ 左右。

(3) 加工精度　加工精度是指加工工件的形状精度、尺寸精度和位置精度的总称。高速走丝线切割的可控加工精度在 $0.01\sim0.02\ \text{mm}$ 之内。

# ⚙ 14.3　电火花数控线切割加工操作

以苏州新火花机床有限公司生产的 M332 型中走丝线切割机床为例介绍设备的操作。其工作原理:利用"放电加工"原理,对导电材料进行电蚀(火花放电),达到加工的目的,因此它不需要专门的刀具,通常利用一根金属丝(一般用钼丝)作为工具电极,此电极丝以一定的速度(0~11 m/s)做往复循环运动,工件作为另一个电极由数控装置在计算机控制下自动地按程序确定的轨迹运动,电火花高频脉冲电源将一定频率、一定能量的连续高频脉冲加在此二极之间,对工件进行火花放电加工,最后得到所需形状的工件。适用于对超硬材料如淬火钢、硬质合金钢、人造金刚石(具导电性)等,对各种不锈钢、耐热合金钢、钛合金,对不易装夹的薄壁零件和对复杂形状的零件进行加工。机床 $X/Y$ 向行程 400 mm×320 mm,最大加工厚度 400 mm,最佳表面粗糙度 $Ra=1.5\ \mu\text{m}$,加工精度 0.15 mm。

### 14.3.1　数控中走丝线切割机床主要结构和工作原理

机床机械部分主要由床身、工作台、走丝装置、工作液装置和机床电源组成,如图 14-4 所示。

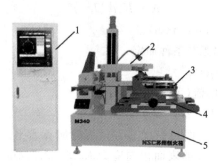

**图 14-4　机床外形图**

1—机床电源;2—走丝装置;3—工作液装置;4—工作台;5—床身

**1. 床身**

低宽的床身,造型新颖、稳定可靠。床身加厚并采用优质铸铁铸造,合理地分布加强肋,使床身不易变形,是保证机床刚度的基础。同时可以有效地控制工作台负荷对机床运动精度的影响,增加走丝系统的稳定性。

**2. 工作台**

$X$、$Y$ 运动由上拖板、下拖板、滚珠丝杠、轴承座、电动机座、导轨等组成(见图 14-5)。拖板的 $X$、$Y$ 轴采用直线导轨结构,分别由步进电动机经齿轮及滚珠丝杠来实现 $X$、$Y$ 轴向运动,降低了传动误差,从而使工作台得到高精度的运动轨迹。

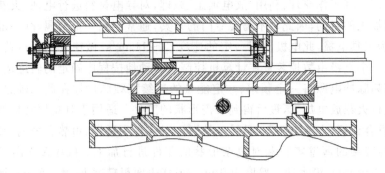

**图 14-5　工作台组件示意图**

**3. 走丝装置**

整个走丝系统由运丝组件、立柱组件及升降组件等几部分组成(见图14-6)。

同时机床配制了自动涨丝机构,进一步减小了钼丝抖动,降低了钼丝损耗,提高加工件的表面粗糙度。

运丝组件的具体结构如图 14-7 所示。它由储丝筒、运丝拖板、拖板座及传动系统组成。

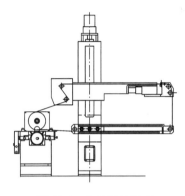

图 14-6 走丝系统组成

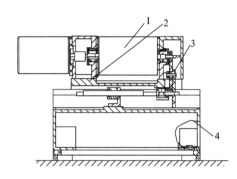

图 14-7 运丝组件的具体结构

1—丝筒;2—运丝拖板;3—传动系统;4—拖板座

丝筒由薄壁钢管制成。具有质量小、惯性小、耐腐蚀等优点。

丝筒传动轴通过联轴器与三相电动机相连,联轴器带有缓冲功能,能在电动机换向时,对瞬间产生的冲击起到缓冲作用,减小振动,从而延长传动轴的使用寿命。

丝筒拖动板采用双 V 形滚动导轨结构,刚度高、精度高、精度保存性好。丝筒主轴经过两对变速齿轮,带动传动丝杠,使丝筒与拖板做往复运动,并使钼丝有规律、等距离地排列在丝筒上。丝筒、拖板的频繁换向是采用接近开关控制来实现的,它有结构简单、动作灵敏、换向噪声小、振动轻、使用寿命长等优点。传动丝杠上有自动加油,用于丝杠润滑,以延长丝杠使用寿命。左、右撞块间的距离可调节,一般根据钼丝的长短来确定,钼丝两端留有一定的余量,撞块上备有过载保护装置,当开关失灵时,可切断电动机电源,使马达停止运动,并蜂鸣报警(此功能开启时)。另有超行程保护装置,确保机床安全。

**4. 工作液装置及冷却系统**

在电火花线切割加工过程中,需要稳定地供给有一定绝缘性能的、清洁的工作介质(工作液),用以冷却电极丝和工件,排除电蚀产物等,这样才能保证火花放电持续进行。一般线切割机床的工作液系统包括:工作液箱、工作液泵、流量控制阀、进液管、回液管及过滤网罩等,如图 14-8 所示。

**5. 多次切割功能**

机床的电控柜采用全数字化高频电源,增添了稳丝机构和变频装置,可以

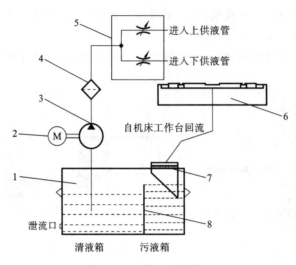

**图 14-8　工作液系统图**

1—液箱；2—电动机；3—液泵；4—过滤器；5—水阀；6—上拖板；7—过滤网；8—隔板

实现多次切割，多次切割的基本工艺选择原则如下：① 根据工件粗糙度要求来决定切割次数和电参数；② 根据切割次数选择变频频率大小；③ 根据钼丝直径和放电间隙决定工件补偿量；④ 根据切割工件厚度和偏移量选择电流大小。

### 14.3.2　数控中走丝电火花线切割机床的软件使用

AutoCut 线切割编控系统（以下简称 AutoCut 系统）是基于 Windows XP 平台的线切割编控系统，AutoCut 系统由运行在 Windows 下的系统软件（CAD 软件和控制软件）、基于 PCI 总线的 4 轴运动控制卡。用户用 CAD 软件根据加工图样绘制加工图形，对 CAD 图形进行线切割工艺处理，生成线切割加工的二维或三维数据，并进行零件加工；在加工过程中，本系统能够智能控制加工速度和加工参数，完成对不同加工要求的加工控制。这种以图形方式进行加工的方法，是线切割领域内的 CAD/CAM 系统的有机结合，其主界面如图 14-9 所示。

**例 14-1**　试完成边长为 20 mm 的正八方凸模的单次切割软件操作。

（1）鼠标双击桌面上的 AutoCAD 2004 的图标，进入 AutoCAD 2004 界面，用 AutoCAD 2004 绘制对边长为 20 mm 的八边形，如图 14-10 所示。

（2）在绘制好图形好后，对图形进行切割编程，在工具栏 AutoCut 选项的下拉菜单中选择"生成 3 位编码多次加工轨迹"，然后单击此选项卡进入编程界面。

（3）在加工设置中，将切割次数改为 1，凸模台宽为 0，钼丝补偿量通常为

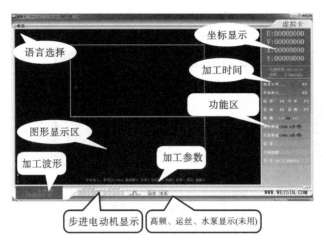

图 14-9  软件主界面

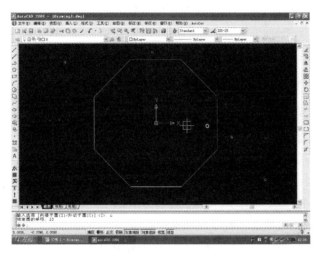

图 14-10  八边形绘制

0.1 mm,这个补偿量的值的大小等于钼丝半径加上单边放电间隙。过切量通常为0,单次切割尤其要注意的是蓝色栏上第一刀余量一定要设置为0,否则会造成加工零件的尺寸精度不准,将跟踪预设为50,限速设为200。在参数设置好后,单击确定按钮。出现如图 14-11 所示的界面。

(4) 再做出 5 mm 长的引线,将鼠标放在八边形的一个交点处,出现一条水平或垂直的白色虚线后,在请输入穿丝点坐标选项中,输入 5 即可(也可以直接输入穿丝点坐标)。

(5) 在该图形上的交点处单击即可(然后根据对话框中出现的提示,输入切

图 14-11　加工轨迹设置

入点坐标)。

(6)在加工提示选项中,选择加工方向(顺时针加工还是逆时针加工),在改加工方向的箭头上鼠标左键单击(本例按顺时针加工)。

(7)根据加工提示选择钼丝的补偿方向,通常为凸模向外补偿,凹模向里补偿。此例加工的零件为凸模,所以向外补偿。移动鼠标使箭头向外时,单击鼠标左键,在 AutoCUT 选项的下拉菜单选项中,单击"发送加工任务"选项按钮,出现如图 14-12 所示的界面。

(8)图 14-12 中的 1 号卡为实际加工卡,虚拟卡为模拟轨迹卡,只能看到加工轨迹在模拟加工,实则机床并不加工。虚拟卡的主要作用是判断加工轨迹是否正确。选择 1 号卡,单击 1 号卡按钮选项。

(9)根据下面的提示选项,选择对象,在编好程序的图形上,单击鼠标左键,图形变为虚线后,说明该图形已被选中,再单击鼠标右键;进入加工界面后,将光标移到"手工加工:P(1)跟踪 50"的字幕上,单击鼠标右键出现高频设置选项按钮,单击"高频设置"按钮,出现如图 14-13 所示的界面。

(10)单击参数传送类参数按钮,可对高频组号表中 0~7 组参数进行编辑修改,本例以选中组号为 1 的参数,将脉宽值设为 20,脉间值设为 100,短路电流值设为 22.5,走丝代码值设为 7H,电压代码值设为 01H,其他参数值为默认值,不要随意改动。单击更新按钮,在"更新到组号 1"的选项中鼠标左击,即把参数设置成功。单击图 14-13 中的"参数传送"按钮,出现如图 14-14 所示的界面。

(11)选择"组号 1 的参数"选项,鼠标左击,即发送参数成功(此时电柜门上

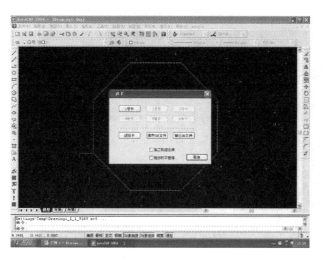

图 14-12 发送加工任务

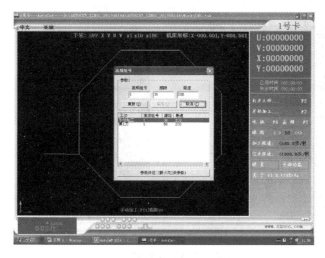

图 14-13 高频设置

传输出错指示灯应亮几秒后灭掉）。单击退出按钮,关闭其他选项卡,回到加工界面。

　　（12）打开丝筒和水泵后,开高频,即在键盘上按 F7 按钮,高频的标志就会变成红色,摇动手轮将钼丝移动到起割点位置,单击"开始加工"按钮,出现如图 14-15 所示的界面。按图 14-15 设置好加工模式后,单击"确定"按钮,机床即开始加工。

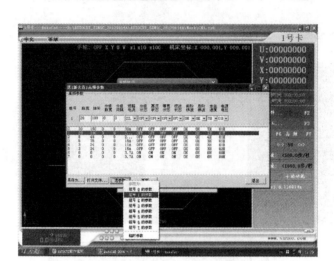

图 14-14　高频参数更新设置

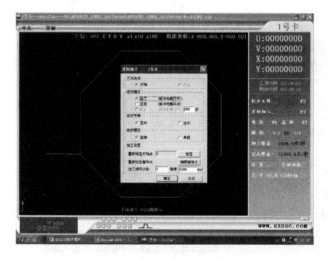

图 14-15　开始加工设置

## 14.3.3　数控中走丝电火花线切割机床的操作步骤

### 1. 机床操作前的准备工作

1）编制程序

编程和向机床输入程序的方法很多。

现以最基本的方法为例,根据加工图样要求,计算各点坐标值,编制程序。

在显示器上校对,对重要的、形状复杂的工件可试切一件校对。

2）调试 Z 轴高度

根据工件的厚度调整 Z 轴高度，一般以上喷水嘴到零件表面距离 10 mm 左右为宜。

3）检查工作台

按下数控柜键盘控制伺服电动机的键，检查工作台运动是否灵活，反应是否灵敏。

4）装夹工件

将工件放在专用夹具上，根据加工范围及工件形状确定工件的位置，用压板及螺钉固定工件。对加工余量较小或有特别要求的工件，必需精确调整工件与拖板纵横方向移动的平行性，记下 X、Y 坐标值。

5）穿丝及张丝

将张紧的钼丝整齐的绕在储丝筒上，因钼丝具有一定的张力，使上、下导轮间的钼丝具有良好的平直度，确保加工精度和表面粗糙度，所以加工前应检查钼丝的张紧程度。

对加工内封闭型孔，如凹模、卸料板、固定板等，需选择合理的切入部位，工件上应预置穿丝孔，钼丝通过上导轮经过穿丝孔，再经过下导轮后固定在储丝筒上。此时应记下工作台纵横向起点的刻度值（X、Y 的坐标）。

6）校正钼丝的垂直度

一般校正方法是在校直器与工作台面之间放一张平整的白纸，将校直器在 X、Y 方向采用光透方法，如 X、Y 方向上下光透一致即垂直。

7）检查

检查主机、控制系统及高频电源是否正常。

**2. 加工时顺序、操作步骤**

开机加工操作流程如图 14-16 所示。

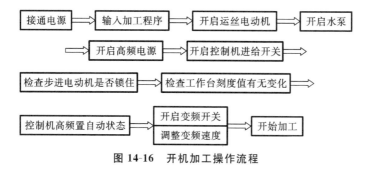

图 14-16　开机加工操作流程

（1）开机　按下电源开关，接通电源。

（2）将加工程序输入数控柜。

（3）开运丝　按下运丝开关,让电极丝空运转,检查电极丝抖动情况和松紧程度。若电极丝过松,则应充分且用力均匀地紧丝。

（4）开水泵、调整喷水量　开水泵时,请先把调节阀调至关闭状态,然后逐渐开启,调节至上下喷水柱使其包住电极丝,水柱射向切割区即可,水量应适中。

（5）开脉冲电源选择电参数　用户应根据工件对切割效率、精度、表面粗糙度等要求,选择最佳的电参数。电极切入工件时,设置比较小的电参数,待切入后,稳定时更换电参数,使加工电流满足要求。由于钼丝在加工过程中会因损耗逐渐变细,因此在加工高精度工件时应先确认钼丝偏移量的准确性。

（6）进入加工状态　观察电流表指针在切割过程中是否稳定,精心调节,切忌短路。

### 3. 加工结束顺序

加工结束操作流程如图 14-17 所示。

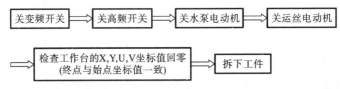

**图 14-17　加工结束操作流程**

开机时,特别应注意:先开运丝系统,后开工作液泵,避免工作液浸入导轮轴承内。

停机时,应先关工作液泵,稍停片刻再停运丝系统。全部加工完成后需及时清理工作台及夹具。

## 复习思考题

14-1　简述电火花成形机床的加工原理。

14-2　电火花成形机床加工主要应用于哪些领域?

14-3　电火花成形机床加工机床由哪几部分组成?

14-4　影响电火花成形机床加工速度的因素有哪些?

14-5　简述数控线切割机床的加工原理。

14-6　线切割加工主要应用于哪些领域?

14-7　线切割加工机床由哪几部分组成?

14-8　数控线切割加工的工艺指标有哪些?

# 第15章 快速成形技术

## 15.1 概　　述

　　快速成形技术是一种涉及多学科的新型综合制造技术。20世纪80年代后,随着计算机辅助设计的应用,产品造型和设计能力得到极大提高,然而在产品设计完成后、批量生产前,必须制出样品以表达设计构想,快速获取产品设计的反馈信息,并对产品设计的可行性进行评估、论证。在市场竞争日趋激烈的今天,时间就是效益。为了提高产品市场竞争力,从产品开发到批量投产的整个过程都迫切要求降低成本和提高速度。快速成形技术的出现,为这一问题的解决提供了有效途径,受到国内外设计及制造业的高度重视。

### 15.1.1 快速成形技术的基本原理

　　快速成形技术是用离散分层的原理制作产品原型的总称,其原理为:产品三维 CAD 模型→分层离散→按离散后的平面几何信息逐层加工堆积原材料→生成实体模型(见图 15-1)。

该技术集计算机技术、激光加工技术、新型材料技术于一体，依靠 CAD 软件，在计算机中建立三维实体模型，并将其切分成一系列平面几何信息，以此控制激光束的扫描方向和速度，采用黏结、熔结、聚合或化学反应等手段逐层有选择地加工原材料，从而快速堆积制作出产品实体模型。

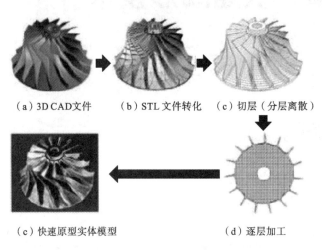

（a）3D CAD文件　　　（b）STL 文件转化　　（c）切层（分层离散）

（c）快速原型实体模型　　　　　　　（d）逐层加工

**图 15-1　快速成形制造过程示意图**

## 15.1.2　快速成形技术的加工特点

　　快速成形技术突破了"毛坯→切削加工→成品"的传统的零件加工模式，开创了不用刀具制作零件的先河，是一种前所未有的薄层叠加的加工方法。与传统的切削加工方法相比，快速原型加工具有以下优点。

　　（1）可迅速制造出自由曲面和更为复杂形态的零件，大大降低了新产品的开发成本和开发周期。

　　（2）非接触加工，不需要机床切削加工所必需的刀具和夹具，无刀具磨损和切削力影响。

　　（3）无振动、噪声和切削废料。

　　（4）可实现夜间完全自动化生产。

　　（5）加工效率高，能快速制作出产品实体模型及模具。

## 15.2 快速成形类型

**1. 光固化立体造型**

光固化立体造型(stereo lithography apparatus,SLA)又称为立体光刻。目前,有多种光固化立体造型技术得到应用,它们的工作原理基本相同,在一定波长和功率的紫外光照射下,液态光敏树脂能迅速发生光聚合反应,分子量急剧增大,材料从液态转变为固态。在加工过程中,工作台表面浸在液态的光敏树脂中,一定功率的光照到光敏树脂表面,通过光聚合反应导致固化,一层固化完成后,工作台下降一定高度,重新覆盖一层树脂材料,光照固化新层。如此反复,直到零件生成。

光固化树脂是一种高分子聚合物,为透明黏性的液体,属于热固性树脂,常用的有环氧树脂和丙烯酸树脂。因为大部分固化树脂在紫外区的光吸收系数很大,仅需很低的激光能量密度就可以使树脂固化,多采用紫外激光器,输出功率为 10~200 mW,通常采用 He-Cd 激光器和 YAG 激光器,近年来采用半导体激光器,可以显著降低 SLA 成本。

光固化立体造型技术的特点是精度高,最高可达 ±0.08 mm,一般为 ±0.1 mm,但工艺过程较为复杂,材料种类不多,价格较高,运行费用高。其工作原理图如图 15-2 所示。

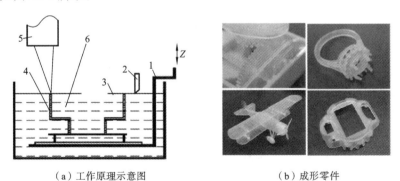

（a）工作原理示意图　　　　　　（b）成形零件

**图 15-2　SLA 工作原理示意图和成形零件**

1—升降台;2—刮平器;3—液面;4—成形零件;5—紫外激光;6—光敏树脂

### 2. 熔融沉积成形

熔融沉积成形(fused deposition modeling,FDM)是基于丝材选择性熔覆原理,利用热塑性材料的热熔性和黏结性,逐层将材料堆积成形。熔融沉积制造过程中,快速成形系统将熔丝(如蜡、ABS、尼龙等)送入沿 $X$、$Y$ 方向运动的喷头里,在喷头内将熔丝加热到熔点后喷出,自然凝固成形。一层扫描完成后,工作台下降一定的高度,扫描下一层,直到零件完成。熔融沉积成形不使用激光器,可大幅度降低系统成本和体积,适用于薄壳体零件及微小零件,如电器外壳、手机外壳、玩具等,都是现代社会比较实用流行的用品;而且原型强度比较好,近似于实际零件,可以作为概念型直接验证设计,其工作原理图如图 15-3 所示。

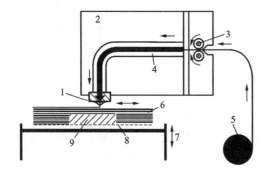　

（a）工作原理示意图　　　　　　　　　（b）成形零件

**图 15-3　FDM 工作原理示意图和成形零件**

1—喷嘴;2—喷头;3—送丝辊轮;4—加热流道;5—成形材料;6—成形零件;

7—工作台;8—底板;9—支撑结构

### 3. 叠层制造

叠层制造(laminated object manufacturing,LOM)的具体加工过程为:将CAD 模型离散成一系列与材料厚度相当的薄片,计算机按切片的轮廓形状控制激光束切割出该层的形状;然后将新的一层材料铺在上面,并通过热辊压装置将其与下面已切割的一层黏结在一起,反复至加工完成。成形材料为热敏感类薄层材料,主要是单面涂有热熔胶的纸,激光器选用 $CO_2$ 激光器。

叠层制造具有以下特点:只切割每层形状边界,成形速度快,适合于快速成形中大型零件,加工成本较低,无需支承,成形精度受材料厚度限制,精度较低。其工作原理图如图 15-4 所示。

### 4. 选择性激光烧结

选择性激光烧结(selective laser sintering,SLS)使用粉状材料作为加工物质,用激光束分层扫描烧结。具体加工过程为:先用铺粉装置实现薄层粉末的

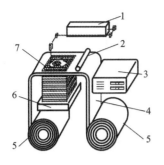 

（a）工作原理示意图　　　　　　　（b）成形零件

**图15-4　LOM工作原理示意图和成形零件**

1—$CO_2$激光器；2—热压辊；3—控制计算机；4—料带；

5—供料轴；6—收料轴；7—升降台；8—加工平面

均匀铺粉，然后激光根据每层的图元信息选择性地对薄层材料进行扫描，使材料熔化并黏结在下层材料上，未熔化的粉末则作为零件的支承体。在完成一层的烧结后，工作缸下降一个层厚，开始下一层的铺粉和烧结。

SLS快速成形系统由激光器、光路系统、工作台、供粉桶和工作缸组成。激光器提供粉末烧结的能量，主要采用$CO_2$激光器、YAG激光器和光纤激光器。扫描方式采用振镜扫描，具有高速高效的特点。

选择性激光烧结具有如下特点：选材较为广泛，可使用蜡、尼龙、陶瓷粉末、金属粉末等，材料价格较便宜，不需要特殊的支承装置，与传统的铸造技术结合可以实现快速铸造。其工作原理如图15-5所示。

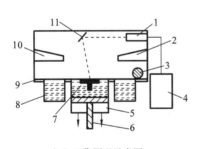

（a）工作原理示意图　　　　　　　（b）成形零件

**图15-5　SLS工作原理示意图和成形零件**

1—激光器；2,10—预热器；3—铺粉滚筒；4—计算机；5—成形舱；

6—升降台；7—零件；8—废料桶；9—粉床；11—振镜

## 5. 三维打印

三维打印（3 dimensional printing，3DP）技术是一种不使用激光的成形技术,其工艺和工作原理与打印机相似,利用黏结剂对粉末材料进行选择性黏结,在计算机的控制下层层堆积成形。具体成形的工艺过程是:先将粉末由储存桶送出一定份量,再以滚筒将送出的粉末在加工平台上铺一层很薄的原料,喷嘴依照三维模型切片后获得的截面轮廓信息选择性地喷射黏结剂,使部分粉末黏结形成零件轮廓;当一层截面成形完成后,加工平台下降一个截面高度,储存桶上升一个截面高度;刮刀由升高了的储存桶把粉末推至工作平台并把粉末推平,再喷黏结剂,如此循环便可得到所要的形状。常用的打印材料主要有石膏粉、淀粉和塑料粉末等。更有多种颜色的墨水可供选择,甚至可更换彩色墨头,即时打印出彩色零件。

三维打印成形的特点是:不需激光、设备成本较低、控制简单易行、质量好、材料制备容易,可作为为设计服务的办公设备使用。其工作原理如图 15-6 所示。

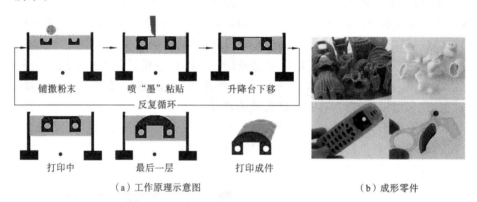

铺撒粉末　　喷"墨"粘贴　　升降台下移

反复循环

打印中　　最后一层　　打印成件

(a)工作原理示意图　　　　　　　　　　(b)成形零件

**图 15-6　3DP 工作原理示意图和成形零件**

# 15.3　快速成形技术的应用

## 15.3.1　快速成形步骤

快速成形的全过程可以归纳为以下三个步骤。

第一步,前处理。它包括零件的三维实体模型文件的建立、文件的近似处理和切片。

第二步,自由成形。它是快速成形工艺的核心,包括零件截面层的制作与叠加。

第三步,后处理。它是指成形后必须进行的修整工作,包括支承结构与零件的分离、工件的后固化、后法烧结、打磨、抛光、修补和表面强化处理等。

快速成形机只有在接收计算机构造的零件三维模型信息后才能进行切片处理。建立计算机三维模型有三种方法:第一种方法,在计算机上用三维 CAD 软件,根据零件的要求设计三维模型,或将已有零件的二维三视图转换成三维模型;第二种方法,通过逆向工程建立三维模型,即用光学扫描机对已有工件进行扫描,通过数据重构软件和三维 CAD 软件,得到零件的三维模型;第三种方法,根据 CT/MBI 扫描数据转换为三维模型。

**1. 用三维 CAD 软件设计三维模型**

常用的三维造型软件有 Pro/E、UG、SolidWorks 等,运用这些软件将零件设计成三维实体 CAD 模型,用三维软件系统将 CAD 模型转换成快速成形系统所能接收的数据文件格式。大多数采用 STL 格式文件,STL 文件是实体的表面三角化数据文件,是国际上快速成形通用的数据格式。

**2. STL 文件的切片**

由于快速成形技术采用了离散制造的思想,三维实体的数据信息必须按一定的层厚参数进行分离,通常称为切片。切片层厚参数的选取对成形的精度和加工效率有直接的关系,层厚太大将使得精度降低,太小则会使得加工时间增长。成形方法对层厚有一定的限制。

**3. 生成层加工轨迹**

加工轨迹的生成得到了每一层的图元信息后,必须生成每一层的加工轨迹,控制能量介质或黏结介质的扫描轨迹,以完成一层的加工。

**4. 逐层堆积成形加工**

完成了上述步骤后,根据加工轨迹,选择合适的加工参数,控制成形机成形 X、Y 方向的扫描运动逐层进行堆积。一层完成以后,下降一个层高度,再堆积新的一层。如此反复进行直至整个零件加工完成。

**5. 后处理**

根据成形件的用途,对成形件进行相关的后处理。一般而言,后处理工序主要完成如下几种工作。

(1) 提高成形件的精度,如打磨、精整等。

(2) 提高成形件的强度,如高温固化等。

(3) 改善成形件的外观,如喷漆等。

### 15.3.2 快速成形应用

快速成形作为一种结合多学科的技术,在工业产品的设计、制造中得到越来越广泛的应用。其应用范围主要有如下几个方面。

**1. 设计验证**

很多产品对外形的美观和新颖性要求很高,产品的外观是产品设计的关键因素。三维 CAD 模型在显示器表现的效果难以替代实物的表现力,经常出现设计方案做出来不好看的情况。快速成形作为一种可视化的工具,用于设计验证、产品评估,在投入大量的资本进行批量生产之前,可以使外形设计的检验更直观、有效、快捷,及时发现产品设计中存在的问题,成为设计者、制造者和消费者之间的有效交流的重要手段。

**2. 功能测试**

使用快速成形技术制作的成形件可直接模拟产品真实的工作情况进行功能测试,如运动分析、应力分析、流体和空气动力学分析等,从而迅速完善产品的结构和性能、相应的工艺及所需模具的设计。

**3. 可制造性、可装配性检验**

使用快速成形技术制作的模型可直接进行装配检验、干涉检查,对于开发结构复杂的新产品(如汽车、飞机、卫星、导弹等),可事先验证零件的可制造性。零件之间的相互关系以及部件的可装配性。

**4. 快速模具制造**

通过快速成形与传统制造工艺相结合制造模具和金属零件。例如:由快速成形制作真空铸造件和熔模铸造件的母模;由快速成形通过电弧喷涂、电铸制造模具或 EDM 电极;由快速成形直接制造注塑模等。

**5. 生物医疗方面的应用**

快速成形可用于制作病理模型。例如,在进行复杂外科手术之前,先用快速成形制作相应器官的成形件,然后在成形件上进行模拟外科实验,降低手术风险、提高手术的可靠性。又如,制作人体器官模型、分子结构模型等用于医学教学等方面。

## 15.4 便携式三维打印机(3DP)操作

### 15.4.1 技术参数介绍

UP!三维打印机系统是基于 FDM 成形原理,其基本组成如图 15-7 所示。

打印丝材通过送丝机构输送到挤出装置,经加热后通过喷嘴挤出熔化了的塑料,然后塑料迅速凝固,打印头沿着支架横梁导轨的 Y 方向直线移动,打印平台安装在底座上沿着 X 方向直线移动,每打印一层,打印平台沿着 Z 向下降一定距离,直至打印出整个设计模型(见图 15-8)。三维打印机与微型计算机通过 USB 连接,能够直接从计算机 STL 数据创建实体模型。打印材料选用 ABS 或 PLA,打印速度为:10 ~ 100 cm³/h,成形尺寸为:140 mm×140 mm

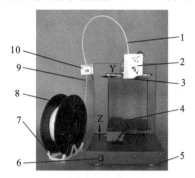

图 15-7 UP! 3D 打印机系统组成图

1—丝管;2—挤出装置;3—喷嘴;4—打印平台;
5—底座;6—初始化按钮;7—材料卷支架;
8—材料卷;9—ABS 塑料丝材;10—送丝机构

×135 mm,层厚根据模型而定,分别为 0.20~0.40 mm 或 0.25~0.35 mm。

图 15-8 三维打印实物模型

### 15.4.2 加工操作

**1. 接线及启动**

接通三维打印机电源开关和微型计算机电源,连接好 USB 通信电缆,启动微型计算机。

## 2. 软件使用

(1)启动软件 单击桌面上的图标,打开如图 15-9 所示的主界面。

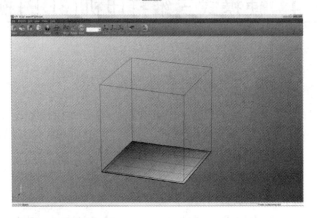

图 15-9 软件主界面

(2)载入 3D 模型 单击菜单中的"文件/打开"选项或者工具栏中的按钮,选择一个想要打印的模型。UP! plus 仅支持 STL 文件(这是标准的 3D 打印输入文件)和 UP3 格式文件(这是 UP! plus 专用的 STL 文件的压缩文件)。移动鼠标光标到模型上,单击鼠标左键,模型的详细资料介绍会悬浮显示出来,如图 15-10 所示。

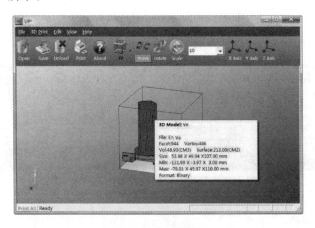

图 15-10 载入模型

(3)将模型放到成形平台上 尽量将模型放置在平台的中央位置,以免影响打印的质量。摆放时,单击工具栏最右边的自动摆放按钮,软件会自动在平台上摆放模型。要在平台上摆放多个模型的时候,建议用自动摆放功能,当多个模型处于开放状态,每个模型之间的距离至少要保持在 12 mm 以上,以防止黏结在一起。

### 3. 准备打印

(1)初始化打印机　在打印之前,必须初始化打印机。点击 3D 打印菜单下面的"初始化"选项(见图 15-11),打印机将会发出蜂鸣声,初始化过程开始。打印喷头和打印平台再次返回到打印机的初始位置,当准备好后再次发出蜂鸣声。

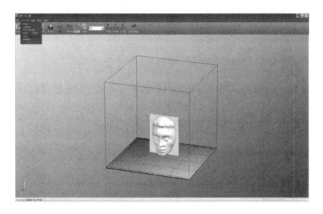

**图 15-11　初始化打印机**

(2)校准喷嘴高度　打印平台和喷嘴的距离应设置成 0.2 mm。由于每台打印机略有不同,这个距离需要在打印开始之前进行校准(见图 15-12)。正确的喷嘴和平台之间的距离记录在"设定"菜单的"喷嘴"对话框中(在 3D 打印菜单下面,"维护"对话框中找到这个距离)。

**图 15-12　校准喷嘴高度**

(3)调整打印平台　正确校准喷嘴高度之后,需要检查喷嘴和打印平台四个角的距离是否一致。如果不一致,在平台底部有三个螺丝和螺母,需要调整它们,直到喷嘴和平台的四个角在同一水平面上;每拧松一个螺丝,平台相应的一角将会升高,拧紧或拧松螺丝,直到喷嘴和打印平台四个角的距离一致为止,如图 15-13 所示。

图 15-13　调平打印平台

　　(4)准备打印平台　打印前,须将平台备好,才能保证模型稳固,不至于在打印的过程中发生偏移,如图 15-14 所示。同时,结束打印后也便于取下。例如,将蓝色垫片简单铺上便可打印,如垫片损坏了可以随时更换。

　　(5)打印设置选项　单击 3D 打印菜单中的"设置"选项,将会弹出如图 15-15 所示的对话框。

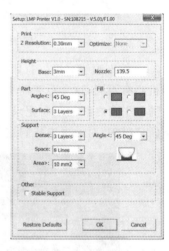

图 15-14　准备打印平台　　　　图 15-15　3D 打印菜单设置选项

　　根据要求,设置打印选项中的层厚,高度选项中的底座和喷嘴,实体选项中的表面和角度,填充选项,支承选项中致密、空间、面积和角度等参数。

　　**4. 模型打印**

　　(1)确认检查剩余材料是否足够打印此模型(当开始打印时,通常软件会提示您剩余材料是否足够使用)如果不够,更换一卷新的丝材。

（2）预热大于 40 mm² 的大型打印平台可以提高模型的打印质量。单击
3D 打印菜单的预热按钮,打印机开始对平台加热。在温度达到 100 ℃时开始
打印。

（3）单击 3D 打印的打印按钮,设置打印选项（见图 15-16）,即可得到打印
模型（见图 15-17）。

**5. 撤出模型**

（1）当模型完成打印时,打印机会发出蜂鸣声,喷嘴和打印平台会停止
加热。

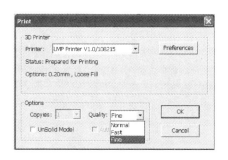

图 15-16　打印选项设置

图 15-17　打印模型

（2）拧下平台底部的 2 个螺丝,从打印机上撤下打印平台。

（3）在模型下面把铲刀慢慢地滑动到模型下面,来回撬松模型,撬松后撤出
模型,如图 15-18 所示。切记在撬动模型时要佩戴手套以防烫伤。

图 15-18　撤出模型

 复习思考题

15-1　快速成形的基本原理是什么？

15-2　快速成形技术的特点是什么？

15-3　常用的快速成形方法有哪些？

15-4　快速成形制造分为哪几个步骤？

15-5　FDM 的工作原理是什么？

# 第16章 激光加工

**学习及实践引导**

······① 了解激光加工的原理。

······② 了解激光加工装备与性能。

······③ 了解激光加工的各种应用。

······④ 基本掌握激光打标机的操作。

## 16.1 概　述

### 16.1.1 激光加工的原理

激光加工是指利用具有高能量密度的聚焦激光束对材料进行加工的方法,其加工原理如图 16-1 所示。当激光束照射到工件表面时,光能被吸收,转化成热能,使照射斑点处温度迅速升高、熔化、气化而形成小坑,由于热扩散,使斑点周围金属熔化,小坑内金属蒸气迅速膨胀,产生微型爆炸,将熔融物高速喷出并产生一个方向性很强的反冲击波,于是在被加工表面上形成小孔。典型激光加工技术包括激光切割、焊接、打标、钻孔、表面处理技术等。

### 16.1.2 激光加工的特点

(1) 加工材料范围广　适用于加工各种金属材料和非金属材料,特别适用

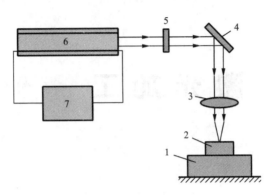

**图 16-1　激光加工原理图**

1—工作台；2—工件；3—聚焦镜；4—反射镜；5—光闸；6—激光器；7—电源

于加工高熔点材料，耐热合金及陶瓷、宝石、金刚石等硬脆材料。

　　(2) 加工性能好　工件可离开加工机进行加工，可透过透明材料加工，可在其他加工方法不易达到的狭小空间进行加工。

　　(3) 非接触加工方式　热变形小，加工精度较高。

　　(4) 可进行微细加工　激光聚焦后焦点直径理论上可小至 $1~\mu m$ 以下，可实现 $\phi 0.01~mm$ 的小孔加工和窄缝切割。

　　(5) 加工速度快，效率高。

　　(6) 可控性好　易于实现自动控制。

　　(7) 与电子束相比，不需要真空。

　　(8) YAG 激光可以通过光纤传输，容易与机器人组成复杂的加工系统。

# 16.2　激光加工工艺

　　激光加工工艺是激光应用的一个十分重要的环节，典型的加工应用有激光切割、激光焊接、激光打标、激光打孔等，从实现上述加工方法和影响加工效果的角度看，这些加工方法涉及共同的激光加工工艺参数，主要包括两方面参数。

　　(1) 激光束参数　主要包括模式、输出功率、偏振性和稳定性等。

　　(2) 装置和加工参数　主要包括传输光路的设计、加工速度、辅助气体系统的设计、辅助气体的种类和压力等。

　　从研究和应用的角度来说，目前普遍认为模式、输出功率、偏振性、加工速

度、焦点位置、辅助气体等是主要的激光加工工艺参数。

## 16.2.1　模式

　　激光的模式分为纵模和横模,影响加工过程的主要是横模。横模激光束剖面能量分布称为模式,用 $TEM_{mn}$ 表示,TEM 是横电磁波"transverse electromagnetic wave"的缩写,$m$、$n$ 为正整数。$TEM_{00}$ 称为基模,其余为多模。激光的模式决定了光束能量在三维空间的分布。光束剖面的形状决定了最终的加工性能,大多数激光的模式是高斯分布或近高斯分布,具有聚焦区域小、功率密度高等特点。基模输出高斯能量分布的激光存在尖峰,所以聚焦光束中心的能量显著高于平均能量。多模输出激光聚焦后的功率密度的数量级只有基模激光聚焦的二分之一或更少,这好比是"钝刀"和"利刀"的关系,但多模光束能量分布均匀。从激光加工应用的角度选择,基模输出适合于激光切割,激光打孔;多模输出适合于激光焊接、激光淬火。

## 16.2.2　输出功率

　　工件表面某点吸收能量的多少由激光输出功率和激光辐照时间共同决定。对于连续输出激光,激光辐照时间由激光加工速度决定,而对于脉冲激光,则激光辐照时间由脉宽和激光加工速度共同决定;无论是连续激光还是脉冲激光,激光功率越大,则工件吸收的能量越高,材料所能到达的温度越高,控制激光功率和激光辐照时间就可以实现不同的加工方法和不同的加工效果。

## 16.2.3　偏振性

　　激光的偏振特性影响材料的吸收特性,进而影响激光加工时候材料吸收能量的份额。激光的偏振特性对激光加工过程有很大的影响,必须加以控制。

　　几乎所有用于切割的高功率激光器都是平面偏振,也就是在发射光束内电磁波都在同一平面内振动。电磁波在垂直于工件的平面或表面内平面振动,对能量耦合效应的差别较小。在表面处理和焊接领域,光束的偏振问题并不重要。但在切割过程中,光束偏振与切口质量密切相关,在实际切割中发生的缝宽、切边粗糙度和垂直度变化都与光束偏振有关,必要时通过光学变换的方法将线偏振光转换为圆偏振光,这样工件对激光吸收率的影响就与加工方位无关。

## 16.2.4　加工速度

　　加工速度决定了激光加工所需的时间以及材料可以吸收的能量。加工速度越大,单位时间内吸收的能量就越小,反之,则单位时间内吸收的能量就越大。

对于激光切割,切割深度随着切割速度的减小而增加,但是切割速度对切缝宽度的影响不大。切割速度是操作者可以调节的最重要的参数之一。切割速度过大,不能切穿板材;切割速度过小,有可能损坏切割表面。因此,对于一定厚度的材料,存在最大和最小切割速度,其中包括得到良好切割质量的优化切割速度。切割速度也是一个重要的经济指标,切割速度越高,加工时间就越少,加工成本也越低。

对于激光焊接,焊接速度对于熔深影响很大,提高速度会使熔深变浅,但是速度过低,又会导致材料过度熔化、工件焊穿。所以,一定激光功率和一定厚度材料存在合适的焊接速度范围,并获得最大熔深。

## 16.2.5　焦点位置

通常以焦斑位置深入工件内部为负离焦,反之,则为正离焦。光斑在焦点位置功率密度最大,随着离焦量的增加,激光功率密度减小。焦点位置对激光加工效果影响很大。

对于激光切割,焦点位置和工件之间的距离影响切割效率。正离焦切割时,功率密度随着离焦量的增加会减少,切缝宽度增加。负离焦切割时,切割深度最大,且随着离焦量的增加而增加。原因是一方面理论计算聚焦光斑直径表明焦点表面附近的焦斑直径最小,且随着离焦量的增加而增加。光斑直径大小决定功率密度和焦深的大小。材料的去除和激光功率密度有关,也和焦深的范围有关。若为负离焦,有效焦深的范围增加,更有利于材料去除,所以切割深度就会增加,但是如果负离焦的离焦量过大,切割前沿的深度反而会减小;相反,正离焦时,有效焦深范围减小,所以切割前沿深度就要小些。对于薄板切割,焦点位置的影响就不那么明显。但对于切割厚板,焦点位置显得很重要,通常以焦深一半位置附近为佳。

## 16.2.6　辅助气体

激光加工时常伴以辅助气体,这对提高激光加工的质量起着很大的作用。常用的辅助气体主要有空气、氧气、氮气、氩气等。不同的加工种类和加工对象,气体的种类和作用也不尽相同。

激光切割时,激光束与气流共轴,气流的作用有三个:携带走切口处产生的烟雾和燃烧时的碎屑,防止污染光学系统;吹走切口碎屑和燃烧废气,使得激光能量直接作用于工件上,加强了激光切割作用;如用活性气体——氧气代替空气,通过化学反应在工件切口起到助燃作用。切割铁时,使用氧气助燃,可以进行高效率加工,但是容易在切割表面产生氧化膜,为了防止产生氧化膜,使用氮气无氧切割。切割钛时,为了防止氧化或氮化有时也用氩气。为了降低成本,切割木材和有机玻璃时常使用空气。

激光焊接和淬火为了防止氧化,几乎全部使用氩气或者氮气进行保护。激光打标时,一般不使用辅助气体。对于以上辅助气体的控制:在较高的压力作用下,进行压力控制;在低压使用条件下,进行流量控制。

# 16.3 激光加工设备

一般激光加工系统由以下几个部分组成:
(1)激光器;
(2)加工机床或工作台;
(3)导光系统和聚焦系统;
(4)光路冷却系统;
(5)工作气体(包括供气装置和喷嘴);
(6)控制系统和检测系统;
(7)激光安全防护系统。

## 16.3.1 典型加工用激光器

### 1. $CO_2$ 气体激光器

$CO_2$ 气体激光器是一种混合气体激光器,以 $CO_2$、$N_2$、$He$ 的混合气体为工作物质。激光的跃迁发生在 $CO_2$ 分子的电子基态的两个振动-转动能级之间。$N_2$ 的作用是提高激光上能级的激励效率,$He$ 的作用是有助于激光下能级的抽空,后两者的作用都是为了增强激光的输出。

图 16-2 为封离型 $CO_2$ 激光器,这种激光器的工作气体不流动,前后反射凹镜、反射平镜构成谐振腔,高压直流自持放电产生的热量靠玻璃管或石英管壁传导散热,热导率低,通循环冷却水可以增强散热效果。由于放电过程中,部分 $CO_2$ 分子分解为 $CO$ 和 $O$,需要补充新鲜 $CO_2$ 气体以防止 $CO_2$ 含量减少而导致

的激光输出下降,因此通常加入少量 $H_2O$ 和 $H_2$ 作为催化剂。

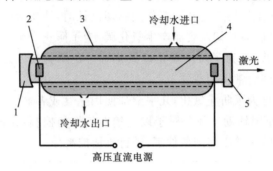

**图 16-2　$CO_2$ 激光器示意图**

1—反射凹镜;2—电极;3—放电管;4—$CO_2$ 气体;5—反射平镜

封离型 $CO_2$ 激光器的特点是结构简单,维护方便,造价和运行费用低。寿命已经超过数千小时甚至上万小时。输出波长为 $10.6\ \mu m$,为红外不可见光,电光转化效率 $5\%\sim15\%$。激光器的输出功率为 $50\sim70\ W/m$,可以用于数百瓦功率的激光加工中。

**2. Nd:YAG 固体激光器**

Nd:YAG 固体激光器由工作物质、泵浦源、聚光腔、冷却系统、激光电源等组成,主要采用光泵浦,工作物质中的激活粒子吸收光能,形成粒子数反转,产生激光,固体激光器各部分的结构如图 16-3 所示。

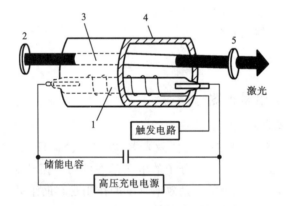

**图 16-3　Nd:YAG 固体激光器结构**

1—脉冲氙灯;2—全反射镜;3—工作物质;4—椭圆柱泵浦腔;5—部分反射镜

(1)工作物质是激光器的核心,由掺杂离子型基质晶体或玻璃组成。Nd:YAG晶体是典型的四能级系统,工作物质形状可做成圆棒状、板条状、圆盘状等,使用最多的是圆棒状。

（2）泵浦源为工作物质形成粒子数反转提供光能量。常规泵浦源都是采用氪灯、氙灯等惰性气体闪光灯。近年采用激光二极管泵浦是固体激光器新的发展方向，体积小，效率高。

（3）聚光腔将泵浦源发射的光能有效均匀地会聚到工作物质上，提高泵浦转换效率。光学谐振腔由全反射镜和部分反射镜组成，使受激辐射光经反馈形成放大和振荡输出激光。

（4）冷却系统防止激光棒、灯、聚光腔温度过高，因为泵浦源发出的光能只有很少部分被激光棒吸收，大部分光能转化为热能。在高功率、大能量激光器中散热尤为重要。

（5）激光电源为泵浦源提供电能，使泵浦原转换为光能，用于泵浦工作物质。

Nd：YAG 激光输出波长为 $1.06~\mu m$，为红外不可见光，恰巧是 $CO_2$ 激光的十分之一，可以通过光纤传输。波长短对聚焦和材料表面吸收有利，这是 Nd：YAG激光加工的一大优势。目前商用 Nd：YAG 激光器的输出功率从几十瓦到几千瓦不等，电光转化效率约 3%，Nd：YAG 激光输出模式较差，一般为多模。

**3. 光纤激光器**

光纤激光器是以光纤为工作物质（增益介质）的中红外波段激光器，其中稀土掺杂光纤激光器已经很成熟，高功率的光纤激光器主要用于材料加工、军事和医疗领域。

稀土掺杂光纤激光器的结构及工作原理（见图 16-4）：掺杂稀土离子的光纤芯作为增益介质，掺杂光纤固定在两个反射镜间构成谐振腔，泵浦光从 M1 入射到光纤中，从 M2 输出激光。当泵浦光通过光纤时，光纤中的稀土离子吸收泵浦光，其电子被激励到较高的激发能级上，实现了离子束反转，反转后的离子以辐射的形式从高能级转移到基态，输出激光。

图 16-4　光纤激光器结构及工作原理示意图

光纤激光器的特点如下。

（1）输出功率大（＞10 kW），易于散热，稳定性好；

(2) 优异的双波导限制结构,光束质量好(近基模输出);

(3) 固有的全封闭柔性光路,光路具有免维护性;

(4) 光电转换效率高达 20％～30％,使用寿命长;

(5) 体积小、质量轻,操作维护简单,成本不断降低。

光纤激光器的众多优点决定了它是未来高功率高光束质量全固态激光系统的可靠选择之一,在某些工业领域很有可能取代现有的 $CO_2$ 激光器和 Nd:YAG 激光器。

## 16.3.2 加工系统

加工系统的主要任务是承载工件并使工件和激光束做相对运动,加工精度主要取决于加工系统的精度和运动精度。光束运动和加工系统的运动调节由数控系统控制完成,目前主要的加工系统有数控机床、工作台和加工机器人。根据工件和光束的运动形式可以分为二维运动系统和三维运动系统。

**1. 二维运动系统**

二维运动系统主要用于激光钣金加工,也有用于管子的加工。根据运动形式可以分为:①固定光束(工件运动),这种形式适合于小型精密坐标加工机,比如小型激光切割机、激光划片机、激光打孔机;②运动光束(工件固定),比如飞行光学加工系统,这种形式运动元件质量小,惯性低,能够以很高的速度和加速度运动,同时保证较高的重复精度和定位精度;③固定光束(工件固定),运动形式由光束扫描系统来完成,比如激光打标机;④混合系统(光束和工作台均运动),比如激光切割机、焊接机等。

**2. 三维运动系统**

三维激光加工系统包括五轴龙门式激光加工机(见图 16-5),激光加工机器人(见图 16-6)。

龙门式系统中,光束沿着两个方向运动,工件沿着一个方向运动。为了保证激光束正确地入射到工件表面,还备有两个旋转轴用于激光头的定位。

机器人系统主要用于激光三维切割、焊接零部件,如轿车车身。相对于龙门式系统,机器人系统更高效、更经济。

激光加工用机器人的运动方式分为两类:一类是机器人携带激光加工头运动,工件不动;另一类是机器人携带小型工件运动,激光头不动。第一种方式灵活轻便,机器人携带激光加工头可以在很大的范围内伸向所要加工的任意部位,特别适合于具有复杂结构的汽车外壳之类的大型三维部件的加工。第二种方式只适合于小而轻的工件加工。

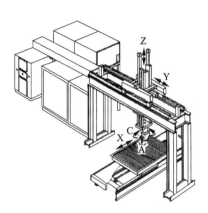 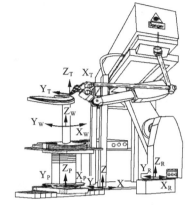

图 16-5 五轴龙门式激光加工机 　　图 16-6 激光加工机器人

# 16.4 激光加工的应用

## 16.4.1 激光切割

### 1. 概述

如图 16-7 所示,激光切割是利用聚焦的高功率密度激光束辐照工件,在超过材料阈值的激光功率密度下,激光束的能量以及活性气体辅助切割过程所附加的化学反应热能全部被材料吸收,由此引起激光作用点的温度急剧上升,达到沸点后材料开始气化,并形成孔洞,随着激光束与工件的相对运动,最终使得材料形成切口,切口处的熔渣被一定的辅助气流吹走。

### 2. 激光切割方式

1)气化切割

在气化切割过程中,切口部分材料以蒸气或渣的形式排出,这是切割不熔化材料(如木材、碳和某些塑料)的基本形式。采用脉冲激光,其峰值功率密度高达 $10^8$ W/cm$^2$ 以上时,各种金属和非金属材料(陶瓷、石英)也主要是以气化的形式被切除,因为在这样高的激光功率密度下,被辐照材料的温度迅速上升到沸点而无显著的熔化。

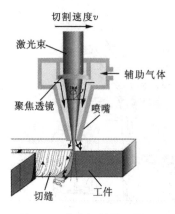

图 16-7　激光切割原理图

2）熔化切割

这是金属板材切割的基本形式。当被切材料受到较低功率密度的激光作用时,主要是发生熔化而不是气化。在气流的作用下,切口材料以熔融物的形式由切口底部排出,激光能量的消耗要比气化切割低。

3）反应熔化切割

如果不采用惰性气体,而采用氧气或其他反应气体吹气,和被切材料产生放热反应,则在除激光辐照之外,还提供了另一个切割所需的能量。在氧气辅助切割钢板时,大约有切割所需能量的 60% 是来自铁的氧化反应。而在氧气辅助切割钛合金板时,放热反应可提供 90% 的能量。

## 3. 典型应用

1）钣金件激光切割

此类应用是激光切割金属材料的支柱领域,主要包括自动电梯结构件、电动机机箱、电脑机壳和衬板等,尤其是一些产量不大、形状复杂、产品生命周期不长、开模具不划算的钣金件的切割（见图16-8）。

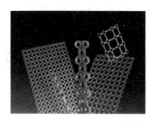

图 16-8　激光切割钣金件

2）非金属板材激光切割

绝大多数非金属材料都可以使用激光高速切割,并有良好的切割质量,尤其是对于 $CO_2$ 激光,几乎完全吸收。此类应用包括有机材料（见图 16-9）、纸盒模切板（见图 16-10）、木材、布料皮具等的激光切割,这类应用的切割图案复杂,激光切割非常适合。

图 16-9　激光切割有机玻璃

图 16-10　激光切割模切板

### 16.4.2　激光焊接

#### 1. 概述

激光焊接是激光照射下，由于吸收光能，使得局部温度迅速升高。在功率密度恰当时，局部被照射的金属材料达到熔点，但是不发生气化，待熔化金属冷却凝固后，两部分材料就焊接在一起了（见图 16-11）。

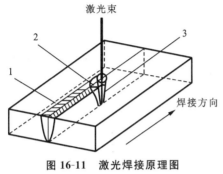

图 16-11　激光焊接原理图

1—焊缝；2—熔池；3—匙孔

图 16-12　激光焊接轿车车身

#### 2. 激光焊接方式

1）传导型激光焊接

将高强度激光束直接辐射至材料表面，通过激光与材料的相互作用，使材料局部熔化实现焊接。激光与材料相互作用过程中，同样会出现光的反射、光的吸收、热传导及物质的传导。只是在热传导型激光焊接中，辐射至材料表面的功率密度较低，光能量只能被表层吸收，不产生非线性效应或小孔效应。

2）深熔焊接

当激光束功率密度足够高，引起被焊金属材料气化时，小孔即可形成。金属蒸气产生的压力促使熔融金属沿孔壁向上移动，小孔作为一个黑体帮助激光束吸收和传热至材料深部。

图 16-13　激光焊接手机电池薄壁

图 16-14　激光焊接金刚石圆锯片

### 3. 典型应用

激光焊接的材料主要是金属材料,包括低碳钢、不锈钢、铝合金、金刚石等,其中尤以汽车车身焊接、手机电池焊接和金刚石锯片焊接应用最为广泛(见图16-12、图16-13和图16-14)。

## 16.4.3 激光打标

### 1. 概述

激光打标是利用高能量密度的激光对工件进行局部照射,使表层材料汽化或发生颜色变化的化学反应,从而留下永久性标记的一种打标方法。激光打标可以打出各种文字、符号和图案等,字符大小可以从毫米到微米级,这对产品的防伪有特殊的意义。

### 2. 振镜式激光打标原理

振镜式激光打标技术是目前应用最广泛的激光打标技术,采用该技术的打标机占到了激光打标机的半数以上。振镜扫描式打标头主要由扫描镜、场镜、振镜及计算机控制的打标软件等构成。其工作原理是将激光束入射到两反射镜(扫描镜)上,用计算机控制反射镜的反射角度,这两个反射镜可分别沿 $X$、$Y$ 轴扫描,从而达到激光束的偏转,使具有一定功率密度的激光聚焦点(经场镜聚焦)在打标材料上按所需的要求运动,从而在材料表面上留下永久的标记,聚焦的光斑可以是圆形或矩形,其原理如图16-15所示。振镜和场镜是激光打标机中的关键部件,专门研制振镜的国内外厂家有德国的施肯拉通用扫描公司,美国的 Cambridge Technology Inc、Nutfield Technology,中国上海通用扫描公司等,场镜有德国的 LENOS 等,如图16-16所示。

图 16-15 振镜式激光打标原理

1—激光器;2—扫描镜 $Y$;
3—场镜;4—待打标工件;
5—振镜 $Y$;6—扫描镜 $X$;7—振镜 $X$

图 16-16 振镜和场镜

### 3. 激光打标工艺参数

影响激光打标效果的主要参数有激光功率、脉冲重复频率、打标速度、打标方式等。激光功率越大,颜色变化为白——咖啡色——黑色,对深度、宽度等都有影响。激光功率、脉冲频率和脉宽(占空比)影响峰值功率大小。脉宽增大,平均功率加大,打标效果清晰。光斑大小可根据需要选择合适焦距的扫描镜来确定。打标速度不能太快也不能太慢,根据功率和工作台考虑。打标方式有单次打标、固定打标、连续打标这三种方式。

### 4. 典型应用

(1) 金属材料打标　包括不锈钢、铝合金、铸铁、铜合金、钛合金等。

(2) 非金属材料打标　包括有机玻璃、塑料、陶瓷、合成材料、木材、橡胶、皮革制品、纸制品、电路板、电器元件、香烟、纽扣、食品包装、药品包装等。

激光打标样品如图 16-17 所示。

**图 16-17　激光打标样品**

# 16.5　加工训练实例一:YAG 激光打标加工

## 16.5.1　激光打标机组成

激光打标机的组成如图 16-18 所示。

### 1. 主机

主机包括激光器、扫描头、声光 Q 开关、He-Ne 指示光管等部分。

**图 16-18　激光打标机的组成**
1—主机；2—计算机系统；3—冷却系统；4—电器柜；5—工作台

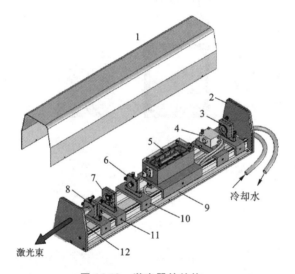

冷却水

激光束

**图 16-19　激光器的结构**
1—盖子；2—后端板；3—全反镜组件；4—Q 开关组件；5—泵浦腔组件；6—光阀组件；
7—输出镜组件；8—扩束镜组件；9—底座(导轨)；10—滑块；11—滑块固定组件；12—前端板

（1）激光器的结构　激光器的结构如图 16-19 所示。激光器的核心是激光模块，内有激光晶体棒、发光半导体，激光模块的上方有进水管和出水管，两端有激光器电极接线端子，红色线为正极，黑色线为负极。Q 开关用于控制激光的开和关，也用于形成激光调制脉冲，开关上有 RF 接头和温度传感器接头及水管接头。扩束器用于激光束的准直。He-Ne 指示光与激光束同光路，用于调试激光器和对准工作。

（2）扫描头结构　扫描头内装有 X 和 Y 两轴扫描电动机，分别驱动光束在

X 方向和 Y 方向偏转,扫描头的下方为透镜,将激光束聚焦到工件表面。

(3)计算机配有打标机专用控制卡、控制软件及常用操作系统、图形编辑软件等。

**2. 三维工作台**

工作台具有 X、Y、Z 三个方向的调节功能,Z 方向调节主要用于焦平面的调整,即将工件的表面调到焦平面,X、Y 方向的调节主要用于打标位置的调整。

**3. 冷却系统**

冷却系统由冷水机、不锈钢水箱、磁力泵、热交换器、过滤器、恒温控制器、超温保护器等部件构成。

### 16.5.2 激光打标软件的使用

系统主界面根据功能可分为主菜单、文档工具栏、绘图工具栏、对象列表区、对象属性区和雕刻控制区。

**1. 主菜单**

主菜单包括文件区、编辑区、绘图区、设置区、视图区和帮助区(见图16-20),分别介绍如下:

文件(F) 编辑(E) 绘图(D) 设置(S) 视图(V) 帮助(H)

**图 16-20　主菜单**

1)文件区

文件区菜单如图 16-21 所示。

(1)新建　新建立一个雕刻文档。

(2)打开　打开一个以前已经保存的文档。

能识别的文档格式有以下几种。

LMS:本软件的默认格式。

DXF:AutoCAD 交换文件格式。

PLT:HP 绘图仪图形语言格式。

(3)保存　保存当前正在使用的文档。

(4)另存为　将当前正在使用的文档换个文件
名保存。

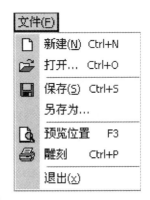

**图 16-21　文件区菜单**

(5)预览位置　预览当前选中对象的位置,如果没有任何对象被选中则预览整个文档的位置。

(6)雕刻　雕刻当前选中对象,如果没有任何对象被选中则雕刻整个文档。

（7）退出　退出当前软件,退出之前请结束当前激光设备的各种操作,如红光预览、雕刻、定向出光等。

2）编辑区

编辑区菜单如图 16-22 所示。

图 16-22　编辑区菜单

（1）取消　取消当前操作,恢复到前一次文件状态。

（2）重做　重新恢复刚被取消的文件状态。

（3）剪切　剪切所有选中的图形对象。

（4）复制　复制所有选中的图形对象。

（5）粘贴　将剪贴板中的图形文档粘贴到当前文档中。

（6）删除　删除所有选中的图形对象。

（7）组合　将两个及两个以上的图形组合成一个图形。

（8）打散　将一个图形打散为线条。

（9）尺寸大小　显示"变形"窗口中调整图形尺寸大小的页面。

（10）旋转　显示"变形"窗口中调整图形角度的页面。

（11）阵列　阵列所有选中的图形对象,其对话框如图 16-23 所示。

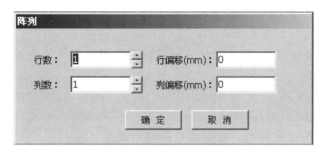

图 16-23　阵列对话框

行数:将选中的图形复制成多少行。

列数:将选中的图形复制成多少列。

行偏移:就是复制的图形垂直方向移动的距离。

列偏移:就是复制的图形水平方向移动的距离。

（12）对齐和分布　将选中的图形对象按照以下的几种方式对齐:

① 左边沿对齐;② 水平居中对齐;③ 右边沿对齐;④ 上边沿对齐;⑤ 垂直居中对齐;⑥ 下边沿对齐;⑦ 页面居中。

3）绘图区

绘图区菜单如图 16-24 所示。

（1）直线线段　在当前图层中添加一条直线线段。

（2）方框　在当前图层中添加一个方框。

（3）多边形　在当前图层中添加一个多边形。

（4）矢量图形文件　在当前图层中添加一个矢量的图形文件。

（5）文本文字　在当前图层中添加可含有编码的文本文字。

（6）圆弧文字　在当前图层中添加可含有编码并且沿圆弧方向书写的文字。

图 16-24　绘图区菜单

（7）一维条形码　在当前图层中添加一个可含有编码一维条形码。

（8）二维条形码　在当前图层中添加一个可含有编码二维条形码。

4）设置区

设置区菜单如图 16-25 所示。

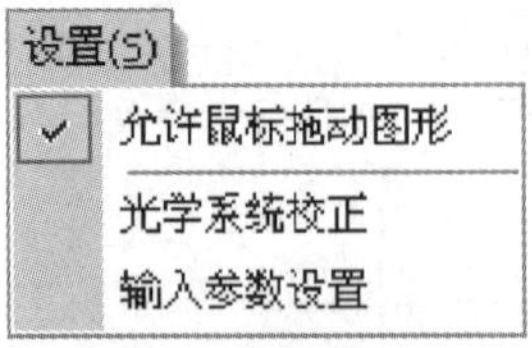

设置(S)

✓　允许鼠标拖动图形
　　光学系统校正
　　输入参数设置

图 16-25　设置区菜单

（1）允许鼠标拖动图形　允许鼠标拖动选中的图形。

（2）光学系统校正　对系统进行光学线性、畸变等方面校正。

（3）输入参数设置　对输入激光电流、频率和占空比等参数的限定。

5）视图区

视图区菜单如图 16-26 所示。

（1）经典视图显示方式　按照本软件第一版显示图形。

（2）放大视图　放大图形的显示比例。

（3）缩小视图　缩小图形的显示比例。

（4）窗口缩放　将选中区域显示范围放大到整个视窗。

（5）页面视图　将整个页面显示到整个视窗。

（6）变形窗口　显示或不显示变形窗口。

（7）对象窗口　显示或不显示对象窗口。

（8）属性窗口　显示或不显示属性窗口。

（9）雕刻窗口　显示或不显示雕刻窗口。

视图(V)

　　经典视图显示方式
🔍　放大视图　　Ctrl+I
🔍　缩小视图　　Ctrl+U
🔍　窗口缩放
🔍　页面视图

　　变形窗口　　F9
　　对象窗口　　F10
　　属性窗口　　F11
✓　雕刻窗口　　F12

图 16-26　视图区菜单

帮助(H)

▶?　关于...

图 16-27　帮助区菜单

6）帮助区

帮助区菜单如图 16-27 所示。

（1）关于　显示软件的版本等有关信息。

**2. 文档工具栏**

文档工具栏的图标与菜单相同的,功能也相同(见图 16-28)。

图 16-28　文档工具栏

**3. 绘图工具栏**

绘图工具栏的图标与菜单相同的,功能也相同(见图 16-29)。

图 16-29　绘图工具栏

**4. 对象列表区**

对象菜单如图 16-30 所示。

对象列表区的功用如下。

(1) 选中图形　步骤如下。

① 直接点中所要选中的图形对象。

② 按下"Ctrl"键增加要选中的图形对象。

③ 按下"Shift"键增加一些选中的图形对象,这些图形是点击的图形对象和已选择的图形对象之间的所有对象。

(2) 改变雕刻次序　步骤如下。

① 将选择的图形直接更换颜色。

② 将选择的图形直接拖到其他位置。

**5. 对象属性区**

对象属性区的对话框如图 16-31 所示,其主要功用为:改变图层的雕刻参数和改变图形的内在参数。

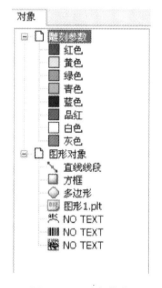

图 16-30　对象菜单

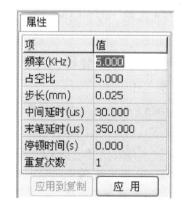

图 16-31　属性对话框

**6. 雕刻控制区**

雕刻控制区的对话框如图 16-32 所示。

(1) 循环次数　是指雕刻时的循环次数;当该数为 0 时不会雕刻;当该数为 −1 时将无限循环下去。

(2) 间隔等待时间　雕刻一次完毕后与下一次雕刻开始之间要等待的时间。

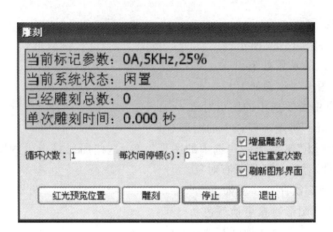

**图 16-32　雕刻对话框**

（3）增量雕刻　是指文本或条形码等当前序号是否要自动跳号。

（4）记住循环次数　是指循环雕刻完毕后循环次数归零，还是维持设置的循环次数。

（5）预览位置　预览当前选中对象的整体雕刻位置，如果没有对象被选中，则预览所有对象的整体雕刻位置。

（6）雕刻　将图形雕刻到物体表面。

（7）停止雕刻　停止当前雕刻。

### 16.5.3　YAG 激光打标机操作步骤

**1. 准备工作**

① 启动激光机总供电电源开关；② 启动水箱电源；③ 旋起急停旋钮；④ 合上激光电源开关；⑤ 合上 Q 驱动电源开关（Q 驱频率为 2～3 kHz）；⑥ 合上振镜电源开关；⑦ 合上红光电源开关；⑧ 启动激光器运行开关（LASER ON/OFF：激光开启或关闭）；⑨ 将电流调节到 12～15 A，具体电流因机器性能而定（开启前等待时间为 3～5 s，在激光器启动之后再调整电流）；⑩ 开启计算机。

**2. 光学校正**

振镜式打标机加工出来的文字是有一定失真的，机械结构或光学系统很难完全校正误差，需要通过软件的方法实现正确的误差校正，其步骤如下：① 比例与方向；② 平面校正；③ 系统参数；④ 输入限定。一旦校正好，不需每次校正。

**3. 安装工件**

将工件安装到工作台上，摇动 Z 向手轮，工作台上下运动，当工件表面与场镜下表面之间的距离为 205～210 mm 时,焦点位置调好,此时焦点位于工件表面。

**4. 打标加工**

启动软件,导入图形文件,设置好打标工艺参数,即可进行打标。

1) 导入文件

除了可以自己绘制图形外,还可以接收其他标准格式的图形图像文件。如 HP-GL 格式的 PLT 文件,图形交换格式的 DXF 文件,位图 BMP 文件。这些文件可由较通用的处理软件生成,如 AutoCAD 生成的 PLT 文件、DXF 文件,Corel-DRAW 生成的 PLT 文件、DXF 文件、BMP 文件,Photoshop 生成的 BMP 文件。

2) 打标开始

(1) 根据材料及效果要求,调整打标参数至合适的值。

(2) 调整硬件在工作状态,调整打标机的电流大小,微调焦距位置。

(3) 单击菜单"雕刻",打开"雕刻"对话框。

(4) 单击"雕刻"即可开始进行打标。

**5. 打标完成**

打标完成后,按照以下顺序关机:

① 逆时针将电流调为 0;② 按下 LASER ON/OFF 按键,关闭激光器;③ 关闭红光开关;④ 关闭振镜电源开关;⑤ 关闭 Q 驱动电源开关(Q 驱动频率可不变);⑥ 关闭激光电源;⑦ 按下急停旋钮;⑧ 退出软件,关闭计算机;⑨ 关闭水箱开关;⑩ 关闭供电电源总开关。

# 16.6 加工训练实例二:$CO_2$ 激光雕刻切割加工

北京正天激光公司的 D80 系列 $CO_2$ 激光雕刻切割机是光、机、电一体化的高科技产品,可由计算机控制激光进行工作。它提供了两种加工方式:切割和雕刻。其中切割是指切割机沿图形或文字的轮廓线进行加工,雕刻是指雕刻机根据点阵位图逐行逐列的加工出整个图形或文字,广泛用于纺织品、皮革等的切割雕刻,也可用于工艺品、标牌等的制作。

## 16.6.1 $CO_2$ 激光雕刻切割机组成

$CO_2$ 激光雕刻切割机由激光系统、控制系统、工作台、辅助系统和软件系统组成。其整体结构如图 16-33 所示。

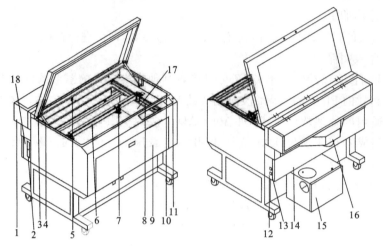

**图 16-33　CO₂ 激光雕刻切割机整体结构图**

1—激光器盒;2—数据接口;3—上盖;4—气弹簧;5—吹气管固定;6—X 向导轨;7—激光头;

8—Y 向导轨;9—前门;10—磁性开关;11—急停开关;12—电源插座;13—电源开关;

14—电源箱;15—风机、气泵盒;16—抽气口;17—工作台板;18—脚踏开关

### 1. 激光系统

(1) 激光器　既可配置国产 $CO_2$ 激光器,也可配置进口射频激光器。

(2) 光路系统　光路系统如图 16-34 所示,它包括三个反射镜和一个聚焦镜。激光器产生的光通过反射镜反射后,打到聚焦镜上,再通过聚焦镜的聚光,成为可用的光束。第一反射镜在激光盒中,第二反射镜可以随横梁沿 $Y$ 方向移动,第三反射镜和聚焦镜都在激光头。图 16-35 所示为激光切割头。

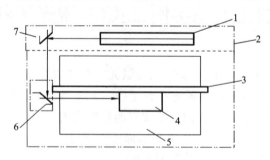

**图 16-34　光路系统示意图**

1—激光器;2—激光器盒;3—X 向导轨;4—激光头;5—工作台;6—第二反射镜;7—第一反射镜

(3) 激光电源　激光电源安装在雕刻机机箱背面下方,用来将 220 V 的交流电转换成激光器所需的高压。应根据激光器的功率配置相应的电源。

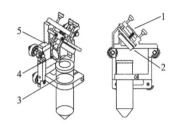

**2. 控制部分**

1）主板

主板安装在雕刻机机箱右侧。它是激光雕刻机的主要控制部件,它从计算机得到数据并对这些数据进行分析运算和数据转换,然后再传输数据给激光雕刻机,从而根据软件中编辑的内容完成加工。

2）底板

底板安装在主板旁边。它主要作用是驱动电动机,为主板提供工作电流以及把各工作部件的工作状态传输给主板,使主板可以控制机器的工作。

图 16-35　激光切割头

1—第三反射镜架；2—第三反射镜；
3—聚焦镜筒；4—光路调节辅助架；5—滑车

3）控制面板

控制面板位于机器的右前方,负责电流的调节,手动出光和手动控制雕刻机 X 向、Y 向的运动。

图 16-36　控制面板

控制面板上的各个部件功能如下。

（1）RST 键　软复位键,按下此键后,取消当前加工文件,设备复位至最右上角初始位置,完成复位。

（2）↑键　菜单选择键,选择液晶显示屏上面的菜单。

（3）light/↓键　功能复用按钮,菜单下选择按钮。当屏幕显示"调整光路(开)"时,该按钮用于控制光路开关,按下此键激光器出光;按"OK"键和"Esc"键控制工作台升降。

（4）OK 键　更改调整光路状态;进入下一级菜单;确认保存更改;将数据存入内存以后,按此键可以重复输出内存里所存的数据。

（5）Esc 键　退出当前菜单,返回上一级菜单;取消对更改的保存。

（6）激光头移位键　由上、下、左、右四个方向移位键组成。在脱机工作模式下(计算机没有向雕刻机传送数据),按下其中任意一个键,激光头将按照箭头指示的方向移动。

（7）F 键　定位键,按下此键后,此键右上角指示灯亮起,小车当前所在的位置坐标被设为加工原点。

(8) Up 键　按此键,控制工作台面上升。

(9) Down 键　按此键,控制工作台面下降。

(10) 电流调节旋钮　利用此旋钮可调节输出电流,右旋增大,左旋减小。同时按下"高压开关"和"手动出光",能够从电流表上看到输出电流的大小。(注意:调节中应先将聚焦镜移出物料,以免烧坏加工材料。)

(11) 高压开关　按下此开关后,激光电源会根据指令向激光器提供高压。每次雕刻之前,请确定已按下高压开关;否则,激光器不会出光。

(12) 手动出光　按下"高压开关"后,再按下此开关,激光器将根据"输出电流"所指示的电流大小连续出光。

(13) "!"键　硬复位键。按下此键后,设备重新启动,数据接口重新连接,恢复到开机后的初始状态。

(14) 电流表　电流表上的示数为雕刻机实际输出电流,这与激光器的输出功率有关。雕刻机的电流可调。

### 3. 工作台

工作台配置灵活,且可自动升降。根据不同的加工方式和材料,可选择不同的台面配置。

(1) 平板　适用于胶版制作和其他普通材料加工。

(2) 刀条台板　适用于有机玻璃切割等用途。

(3) 蜂窝台板　适用于切割纺织品、皮革等材料。

加工时,把待加工材料直接放在工作台上。在加工较轻的材料或容易受热卷曲变形的材料时,可用重物压住边缘,或用双面胶粘在工作台上,也可根据自身情况自配夹具。

### 4. 辅助部分

1) 水循环系统

水循环系统包括进、出水管和潜水泵。玻璃管激光器工作时会发热,如不能及时冷却,激光器会破裂损坏,所以配置玻璃管激光器的雕刻机在其工作过程中一定要保持良好的水循环,这在使用玻璃管激光雕刻机的时候非常重要,应特别注意。

激光雕刻机装有缺水报警装置,一旦激光器内的冷却水循环异常,雕刻机会报警提示,同时雕刻机停止工作,直到冷却水循环恢复正常为止。

2) 除尘通风系统

除尘通风系统包括气泵、吹气管、空气净化器(或排气扇)和排气管。通过吹气不仅可以快速冷却加工表面,还可以吹开加工过程中产生的粉尘等杂物,保证加工质量。同时在激光加工过程中,很多非金属材料会产生刺鼻气体,这就需要用空气净化器(或排气扇)把气体排出去。本系列激光雕刻机为后抽气方式。

**5. 软件部分**

雕刻机配有专用编辑软件:正天艺术雕刻软件 ACE,其界面友好、使用方便,有中、英文两种版本。用户也可以安装打印驱动系统,直接编辑和输出 Windows 系统下的 Photoshop、CorelDraw、Word、AutoCAD 等各种应用软件的文件。

## 16.6.2　焦点调节

有效的雕刻需要激光光点小、功率集中,只有具备这两个条件,才能保证雕刻的精度和深度。激光束刚从激光器中射出时,直径约为 3 mm,功率密度较低,不能雕刻,经过聚焦镜聚焦后,焦点处光束较细,直径约为 0.1 mm,是雕刻的最佳位置。因此,把待刻平面固定在聚焦镜的焦点处是成功雕刻的前提条件。

**1. 简单调焦**

聚焦镜安装在聚焦镜筒内,松开笔式激光头夹块上的锁紧螺钉后,聚焦镜筒可在笔式激光头夹块内上下移动,如图 16-37 所示。在距聚焦镜筒下边缘 8 mm 处为焦点所在平面。机器附件中包括一块 8 mm 厚的有机玻璃调焦块,用来确定焦平面。

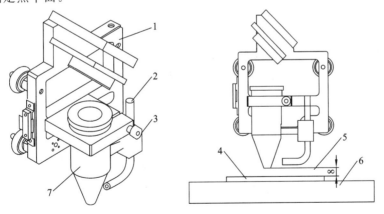

**图 16-37　调整焦点**

1—滑车;2—吹气管;3—锁紧螺钉;4—待加工材料;5—8 mm 调焦块;6—工作台;7—聚焦镜筒

调节焦距时,将待加工材料放在工作台上,再将调焦块放在待加工材料的

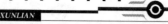

表面上。先松开笔式激光头夹块上的锁紧螺钉,上下移动聚焦镜筒,使聚焦镜筒的下表面贴着玻璃块,此时待加工材料的表面位于焦平面上。根据需要调节好焦点高度,然后将锁紧螺钉拧紧。

**2. 复杂调焦**

焦距由聚焦镜决定,不同聚焦镜的焦距会略有偏差,因此当更换新的聚焦镜时应重新调节聚焦镜筒的位置,具体方法如下。

第一步:按下"高压开关",再按下"手动出光",调节激光输出电流大小约为 5 mA,抬起"手动出光"。

第二步:找焦点。

(1) 将有机玻璃倾斜放在工作台上,其侧面与工作台上表面的倾斜角为 50°~60°。

(2) 用控制面板上的移动按钮,将聚焦镜移到有机玻璃上方合适位置。

(3) 按下"手动出光"的同时,让聚焦镜沿 $X$ 向移动,使激光在透明有机玻璃上纵向划下一条两头粗中间细的线。接着抬起"手动出光"。线上最细的地方就是焦点的位置。

第三步:测量透明有机玻璃上最细一点处到聚焦镜筒下表面的距离,该距离可以作为以后雕刻时调节聚焦镜焦点高度的参考值。

### ◖ 16.6.3 $CO_2$ 激光雕刻切割机操作步骤

(1) 接通水泵、气泵,打开排风扇或空气净化器,并检查冷却水循环是否正常。注意:严禁在冷却水循环不正常的情况下使用机器,以免损坏激光器。

(2) 连接电源线、打印线和地线,连接好雕刻机上的电源线、打印线和地线后,才可以打开雕刻机和计算机的电源开关。

(3) 调节光路 激光雕刻机属精密光学仪器,对光路调节要求较高,如果激光不是从每个镜片的中心射入,就会影响雕刻效果,建议用户每次工作前务必检查一下光路是否正常。

(4) 安装打印驱动、USB 加密狗驱动和 ACE 软件。

(5) 图文编辑 双击 Windows 桌面上的开天艺术雕刻图标 ![图标],进入 ACE 雕刻软件,利用 ACE 软件的各项功能编排雕刻的内容及流程(见图16-38),也可利用软件将事先做好的 ＊.Bmp 或 ＊.Plt 文件,读入 ACE 软件中。

(6) 加工定位 排版完成后,先要定出加工位置才能放上加工材料。加工定位方法如下:取出待加工材料先在工作台上贴上一张纸,在排版已完成的基础上单击 ACE 软件中的"定位框"图标,这时雕刻机用小电流在白纸上划上定

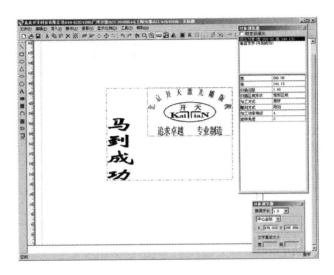

图 16-38　样件编辑

位框,如图 16-39 所示。

图 16-39　定位图样

（7）确定加工参数　图 16-40 所示为确定加工参数对话框,加工参数包括间隔,速度和电流等。加工间隔是指加工点阵位图时,是逐行逐列的输出还是有间隔的输出,这个加工参数只有雕刻和扫描中才有;加工速度是指横梁和小车的移动速度。

（8）放置加工材料,定焦距　确定没有按下"手动出光"以后,在白纸上的定

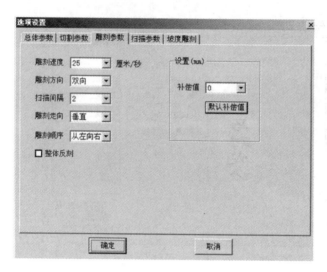

图 16-40    确定加工参数对话框

位框中放上加工材料,调节小车上升降台的高度,使加工表面到抽气罩下表面的距离为 8 mm,此时待加工表面位于聚集镜的焦点平面上。

（9）调节电流    加工电流是指激光器的电流。加工方式的不同或是材料、雕刻、切割深度的不同,所用的加工参数不同。在加工前需要根据材料的性质和加工要求来设置加工参数,通常需要通过实验来设定。当激光器使用时间较长后,输出功率会有所衰减,请适当加大输出电流。调节方法如下:

① 按方向键将激光头移开;

② 先按下高压开关按钮,再按下雕刻机控制面板上的手动出光按钮;

③ 旋转雕刻机控制面板上的电流调节器,将电流调为 18 mA;

④ 弹起手动出光按钮。

（10）生成数据    定好位置以后,按"生成数据" 按钮(见图 16-41),即可以按照设计好的版面生成数据。

（11）雕刻输出    单击"输出数据" 按钮,弹出雕刻输出操作对话框(见图 16-42),单击"数据输出"按钮,雕刻机即开始雕刻。

（12）加工完成    雕刻结束后,鼠标左键单击软件右上角 按钮关闭窗口;或左键单击菜单文件/退出命令,保存文件,然后退出软件。

加工完成后,会有声音提示。在加工过程中,若是冷却水循环不正常,加工会自动停止,直到冷却水循环正常后加工才继续进行。

**图 16-41 生成数据**

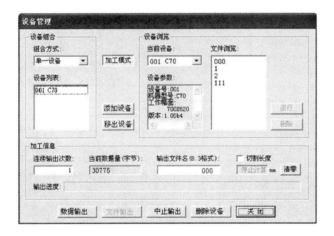

**图 16-42 雕刻输出操作对话框**

加工完成后,请务必清洁工作台,保持雕刻机的清洁。

## 复习思考题

16-1 激光加工有哪些特点?

16-2 激光加工工艺参数有哪些?

16-3　简述激光加工设备的组成。

16-4　工业激光器有哪些种类？

16-5　有哪些典型的激光加工应用？

16-6　简述振镜式激光打标的原理。

16-7　简述激光打标机的组成。

16-8　激光打标的工艺参数有哪些？

16-9　自己设计一激光打标样品，并设置打标参数，最后将其加工出来。

# 附录　工程训练安全要点

工程训练是工科院校教学计划中的一个重要组成部分，是一门实践性很强的技术基础课。通过训练，逐步培养学生工程意识、动手能力和创新精神，使学生的综合能力和素质得到提高。工程训练的实践性很强，训练过程中所涉及的设备很多，训练过程中应严格遵守各项规章制度及安全操作规程。

**1. 工程训练学生守则**

（1）学生必须严格遵守考勤制度，不准迟到、早退，有事必须请假，未经许可不得擅自离开。

（2）学生进入训练场地后，必须服从指导教师的安排，一切机器设备，未经许可，不准擅自启动开关或拨动手柄等。

（3）工程训练时必须思想集中，严格遵守各项规章制度及安全操作规程，不准违规操作。

（4）工程训练时必须按规定着装，操作前必须穿戴好工作服及防护用品以保证安全，长头发的同学必须戴防护帽，女同学不准穿裙子、高跟鞋，男同学不准穿短裤、背心、拖鞋等上岗操作。

（5）学生应在指定地点进行训练，未经许可不得随意更换，不得串岗及做其他与实习无关的事情。

（6）实习时，应注意保养和爱护机器、工具。

**2. 热加工安全要点**

（1）热处理时工件进炉、出炉应先切断电源，以防触电。不要随手触摸未冷却的工件，防止烫伤。

（2）砂型铸造时造型工具按规定摆放，避免碰伤；严禁用嘴吹型砂和芯砂，以免损伤眼睛；浇注时，应站在一定距离外的安全位置；落砂后的铸件未冷却时，不得用手触摸，防止烫伤。

（3）空气锤在锻打时，锻件应放在下砧铁中部，锻件及垫铁等工具必须放平，以防飞击伤人。不要随手触摸未冷却的工件，防止烫伤。

（4）操作冲床时，短小零件严禁用手直接送料或取件。

（5）电焊操作要注意避免弧光辐射、触电以及烫伤，气焊操作时避免发生火灾以及烫伤。

**3. 机械加工安全要点**

（1）使用游标卡尺、千分尺等量具时，不准测量运动中的零件，不准以游标卡尺代替卡钳在工件上来回拖拉。

（2）操作机床时不得戴手套。

（3）车床等的卡盘扳手应放在指定位置方能开动机床。

（4）必须将工件、刀具、夹具装卡牢固后方可启动机床。

（5）严禁运行中手摸刀具、机床的运转部分或转动工件，机床运转过程中不准用手清除切屑。

（6）操作刨床时，不准在滑枕前后站立，以免碰伤。

（7）钳工及装配训练时，应检查锤子、锉刀等工具的手柄是否牢固，以免飞出伤人。

（8）手持工件或刀具使用砂轮机进行磨削时，不可用力过猛，且不要站立在砂轮机的前方。

**4. 先进制造技术安全要点**

（1）电火花机床正在加工时，禁止同时接触机床和工具电极部分，以防触电。

（2）线切割机床每次穿丝或调整丝筒前，必须断开高频电源，在加工中严禁换挡以及调整钼丝运行速度。

（3）数控机床自动化程度很高，机床自动加工时不能离开机床，应注意观察机床加工过程，防止意外事故发生。

（4）激光加工机在工作时，身体任何部位避免进入光束和其反射范围内。

（5）三坐标测量仪为精密测量设备，探头的安装和工件的安放要小心，操作时精力集中，确保设备的安全。

# 参考文献

[1] 孙以安,陈茂贞.金工实习教学指导[M].上海:上海交通大学出版社,1998.

[2] 赵玲,马松青.金属工艺学实习教材[M].北京:国防工业出版社,2000.

[3] 孔庆华,黄午阳.机械制造基础实习[M].北京:人民交通出版社,1997.

[4] 山东机械设计研究院.机械加工应用手册[M].山东:山东科学技术出版社,1983.

[5] 龚国尚,石伯平.金属工艺学实习教材[M].北京:中央广播电视大学出版社,1986.

[6] 傅水根,李双寿.机械制造实习[M].北京:清华大学出版社,2009.

[7] 邓文英.金属工艺学(下册)[M].北京:高等教育出版社,2000.

[8] 华南工学院,甘肃工业大学.金属切削原理与刀具设计[M].上海:上海科学技术出版社,1979.

[9] 清华大学金属工艺学教研组,金属工艺学实习教材[M].北京:高等教育出版社,1982.

[10] 张木青,于兆勤.机械制造工程训练教材[M].广州:华南理工大学出版社,2004.

[11] 党新安.工程实训教程[M].北京:化学工业出版社,2006.

[12] 宋昭祥.现代制造工程技术实践[M].北京:机械工业出版社,2004.

[13] 高美兰.金工实习[M].北京:机械工业出版社,2006.

[14] 沈莲.机械工程材料(第二版)[M].北京:机械工程出版社,2003.

[15] 程晓宇.工程材料与热加工技术[M].西安:西安电子科技大学出版社,2006.

[16] 全燕鸣.金工实训[M].北京:机械工业出版社,2001.7.

[17] 邓文英.金属工艺学[M].北京:高等教育出版社,2001.2.

[18] 周郴知.机械制造概论[M].北京:北京理工大学出版社,2004.9.

[19] 上海机电工业局.锻工[M].北京:机械工业出版社,1985.11.

[20] 机械工业职业技能鉴定指导中心.初级电焊工工艺学[M].北京:机械工业出版社,1999.

[21] 机械工业职业技能鉴定指导中心.初级电焊工技术[M].北京:机械工业出版社,1999.

[22] 机械工业部统.初级气焊工技术[M].北京:机械工业出版社,1999.

[23] 崔明铎.制造工艺基础[M].黑龙江:哈尔滨工业大学出版社,2004.

[24] 陈玉方.铣工基本技能[M].北京:中国劳动社会保障出版社,2006.

[25] 康志威.铣工快速入门[M].北京:国防工业出版社,2007.

[26] 倪为国.铣削刀具技术及应用实例[M].北京:化学工业出版社,2007.

[27] 许祥泰,刘艳芳.数控加工编程实用技术〔M〕.北京:机械工业出版社,2000.

[28] 崔兆华.数控车工(中级)〔M〕.北京:机械工业出版社,2006.

[29] 关颖.FANUC 数控车床〔M〕.沈阳:辽宁科学技术出版社,2005.

[30] 广州数控设备有限公司.GSK980TA 车床数控系统产品说明书.2005.

[31] 广州数控设备有限公司.GSK980TA 车床 CNC 使用手册.2006.

[32] 西门子(中国)有限公司.SINUMERIK 802S base line 操作与编程.2003.

[33] 刘晋春,赵家齐.特种加工[M].北京:机械工业出版社,1994.

[34] 张建华,张勤河,贾志新.复合加工技术[M].北京:化学工业出版社,2005.

[35] 王爱玲,祝锡晶,吴秀玲.功率超声振动加工技术[M].北京:国防工业出版社,2007.

[36] 李力钧.现代激光加工及其装备[M].北京:北京理工大学出版社,1993.

[37] 张永康.激光加工技术[M].北京:化学工业出版社,2004.

[38] 张国顺.现代激光制造技术[M].北京:化学工业出版社,2006.

[39] 陈彦宾.现代激光焊接技术[M].北京:科学出版社,2005.

[40] (日)金冈優.激光加工[M].北京:机械工业出版社,2005.

[41] 莫健华,史玉升,叶春生,等.快速成形及快速制模[M].北京:电子工业出版社,2006.

[42] 董丽华,沈海荣,范春华.金工实习实训教程[M].北京:电子工业出版社,2006.